风力发电中的九开关变换器和储能技术

任永峰　云平平　薛　宇　胡志帅　孟庆天　著

科学出版社

北京

内 容 简 介

针对双馈式和直驱式两种主流风电系统,为了有效应对其在非理想电网条件下的适应性,本书提出采用九开关变换器(NSC)取代不同风电系统中的功率变换器,以及 NSC 实现统一电能质量调节器(UPQC)运行新方案,针对 NSC 在多种工况下提升双馈式和直驱式风电系统运行与控制性能进行了深入细致的仿真研究,验证了 NSC 可实现风电机组电能质量控制与故障穿越一体化。在此基础上,对 NSC 进行小功率物理试验与硬件在环测试。为了改善新能源电力系统的可调控运行性能,对风储联合运行进行较深入的研究,对风氢耦合运行亦有所涉猎。

本书可以作为新能源科学与工程、电气工程以及储能科学与工程专业研究生参考书,亦可供从事风力发电与储能的专业技术人员参考。

图书在版编目(CIP)数据

风力发电中的九开关变换器和储能技术 / 任永峰等著. -- 北京:科学出版社, 2025.6. -- ISBN 978-7-03-081555-2

Ⅰ. TM614

中国国家版本馆CIP数据核字第2025YA3589号

责任编辑:范运年　王楠楠 / 责任校对:王萌萌
责任印制:师艳茹 / 封面设计:陈　敬

科学出版社出版
北京东黄城根北街 16 号
邮政编码: 100717
http://www.sciencep.com

北京天宇星印刷厂印刷
科学出版社发行　各地新华书店经销
*

2025 年 6 月第　一　版　开本: 720 × 1000 1/16
2025 年 6 月第一次印刷　印张: 14 1/2
字数: 289 000

定价: 138.00 元
(如有印装质量问题,我社负责调换)

前　言

　　风能是一种取之不尽、用之不竭、环境友好的可再生能源，风力发电技术是最成熟的新能源发电方式之一，本书将 NSC 用于主流的双馈式、直驱式风电系统，实现风电机组电能质量与故障穿越一体化，促进绿色低碳、电网友好型风力发电的发展。为了改善新能源电力系统的可调控运行性能，在风电系统中引入储能技术，为风电高效就地消纳和风储联合运行提供了新方案，契合了碳达峰碳中和的时代主题。

　　全书研究内容立足新能源电力系统运行与控制，是风力发电、运动控制、电力储能与电力电子技术的深度融合，针对双馈感应电机（DFIG）型和永磁同步电机（PMSG）直驱型两种主流风力发电，对基于电动机惯例和发电机惯例的电机动态数学模型进行详细的理论推导。将理论上可实现万能电压故障穿越的 NSC 电路拓扑用于 DFIG/PMSG 新能源电力系统，对其拓扑结构、驱动逻辑、数学模型、调制原理、控制策略、开关模式与仿真建模进行细致研究。精确的数学模型是保证控制有效性的基石，直接关系到风电机组整体性能，仿真建模是验证风电系统设计思想和控制策略正确性的有效手段。本书构建了具有通用性、可扩展性和可移植性的集电磁暂态、机电暂态为一体的 NSC-DFIG/PMSG 风电系统仿真模型，针对多种工况下 NSC 提升双馈和直驱式风电系统运行与控制性能进行深入仿真分析，验证不同工况下风力发电机组的运行与控制特性。对 NSC 实现 UPQC 功能——串联补偿电压畸变和并联补偿谐波电流实现风电故障穿越运行和改善电能质量进行了小功率试验验证。利用储能的源荷二重性和灵活响应特性，以及双向柔性有功、无功控制能力，对百兆瓦级风储联合运行进行较深入的研究，利用储能实现削峰填谷，促进风电成为可调度"绿色"电力。

　　本书是作者及其课题组在风力发电与电力电子技术领域长期科研成果的总结，选题来源于新能源科学与工程及电气工程领域科研项目与工程实践，力求内容系统、完整，力争从多角度进行理论分析、仿真验证与工程实例研究，以飨读者，期望达到抛砖引玉的效果。

　　本书共 12 章，全书由内蒙古工业大学任永峰教授统稿。第 1 章、第 11 章部分内容由内蒙古国天新能源科技有限公司董事长云平平高级工程师撰写，第 2 章由内蒙古电力科学研究院孟庆天高级工程师撰写，第 9 章、第 12 章部分内容由清华大学车辆与运载学院博士后薛宇高级工程师撰写，第 10 章内容由内蒙古工业大学胡志帅博士撰写,其余内容均由内蒙古工业大学任永峰教授撰写。

在本书的撰写过程中,多位研究生参与了前期文字、插图录入和后期的校核工作,分别是贺彬、陈建、祝荣、方琛智、徐睿婕、廉茂航、杨帆、陈硕、王金鑫、杭雨祺、柴海东等,他们为本书的出版付出了辛勤的劳动和汗水,做出了重要贡献。

在本书撰写过程中,内蒙古电力(集团)有限责任公司吴集光教授级高级工程师、赵墨林教授级高级工程师、中国长江三峡集团有限公司科学技术研究院韩俊飞教授级高级工程师对本书的内容提出了一些建设性指导意见,在此谨向他们致以诚挚的谢意。本书的完成也得益于前人所做的工作,在此对本书参考文献的原作者表示感谢!

本书得到了国家自然科学基金(52367022、51967016)、内蒙古自治区"揭榜挂帅"项目(2023JBGS0013)、内蒙古自治区重点研发和成果转化计划项目(2023YFHH0077,2023YFHH0097)、内蒙古自治区"草原英才"工程"电网友好型风光储一体化创新人才团队"、风能太阳能利用技术教育部重点实验室、大规模储能技术教育部工程研究中心、内蒙古自治区新能源与储能技术重点实验室、内蒙古自治区风力发电检测与控制工程技术研究中心的大力资助,在此一并表示衷心的感谢!

限于编写人员业务水平和学识经验,书中疏漏与不当之处在所难免,敬请同行专家和广大读者批评指正。

任永峰

2024 年 5 月 12 日

目　录

第1章 绪 论

风力发电系统融合了可再生能源、电力系统、电力电子、电机学、运动控制理论等领域，是一个时变的非线性、非自治、多时间尺度机电相互作用的复杂能量转换系统[1]。风力发电作为一种环境友好型可再生能源发电，是技术最成熟的新能源发电方式，随着现代风力发电技术的进步，风电已逐步发展为电网友好型清洁电力。

双馈式风电机组由于能够变速运行、励磁变频器仅处理转差功率而成为风电领域一种较先进和理想的技术，工业应用也最广泛[2,3]。双馈感应电机(doubly-fed induction generator，DFIG)的定子与电网直接相连，转子由双向变流器提供励磁，通过定子磁链定向控制转子励磁电流的频率、幅值和相位，实现转子侧交流励磁，再通过电压定向控制实现定子侧变速恒频和功率因数控制，实现 DFIG 柔性并网运行。

直驱式永磁同步电机(permanent magnet synchronous generator，PMSG)的转子与风机叶轮直接连接，省去了故障率高的齿轮箱，具有机械损耗小、运行效率高、维护成本低、调速范围宽等优点，近年来在大功率风电机组领域的应用非常广阔[4,5]。机组通过全功率变流器与电网相连，是保证并网电能质量的核心，一旦电网发生电压跌落故障，由于发电机与电网实现了解耦，不会直接影响到风机的运行特性，相对于双馈式风电机组具有更强的低电压穿越(low voltage ride through，LVRT)能力。

研究可以改善电能质量的设备对风电并网运行与控制具有重要意义[6]，电力系统电能质量调节装置应用于风电并网电能质量控制和实现 LVRT 具有理论可行性，将风力发电技术与新型电能质量控制拓扑相结合是近年来的研究热点。九开关变换器(nine switch converter，NSC)因结构精简、体积小、损耗低、驱动简化、功率密度高、成本低等优点，在配电网电能质量控制领域受到了广泛关注。NSC由于优良的电能质量控制能力，可用于非理想电网条件下风电系统的运行与控制，本书针对将新型 NSC 拓扑用于风力发电技术与电能质量控制的深度融合，利用NSC 取代主流的双馈和永磁同步直驱型风电机组背靠背变换器、网侧变换器以及实现统一电能质量控制器(unified power quality conditioner，UPQC)功能开展了大量深入的研究工作，取得了与理论分析高度一致的结果。

大型风电集群由于功率汇聚效应在一定程度上能解决供电不稳定性问题，但与其他常规发电资源的可靠、可控、可调度相比，风力发电受自然气候影响，具有严重的随机性、间歇性、波动性特点。高效储能系统可调整发电与供电之间的时差矛盾，能够从时间和空间上有效地隔离电能的生产和使用，可同电网进行功率交换，实现风电的时空平移，既能削峰填谷，又能平滑功率波动，使风电成为稳定可调度的清洁电源，实现电网多电源和谐发展。

本书针对主流并网型风力发电系统——双馈式和直驱式风力发电系统，将改善配电网电能质量的九开关变换器与可再生能源发电相结合，引入 NSC 是对前人工作的一种改进和提升，是提高风电并网运行与控制能力的扩展思路。针对新型九开关变换器以及储能技术在风力发电领域的应用等问题，本书对双馈和永磁同步电机数学模型、仿真建模、运行与控制、低电压穿越，九开关变换器拓扑结构、数学模型、调制原理与开关模式以及三次谐波注入法调制，NSC 实现 UPQC 功能提升 DFIG 和 PMSG 运行与控制能力、混合储能平滑风电出力、NSC 改善分散式混合风电运行与控制、大型风储联合运行等关键问题进行较深入的研究。

1.1 国内外主流风电改善运行特性与功率调节研究状况

随着化石能源日益短缺和环境污染日益严重，充分开发和利用清洁可再生能源是解决能源问题的必然选择。风能作为一种清洁可替代能源，得到了迅猛发展，其中双馈型和永磁同步直驱型风电机组成为主流机型。随着风电占比提升，风电与接入电网的相互影响日益强化，改善风电机组灵活功率调节、优化故障运行与电能质量控制成了研究热点。

主流的 DFIG 和 PMSG 风力发电系统都是多变量、非线性、强耦合的机电能量转换系统，早期的研究热点集中于动态数学模型、仿真建模、先进控制策略、暂态分析、实验验证方面。

1.1.1 国外 DFIG 式风电改善运行特性与功率调节研究状况

近十年来，低电压穿越控制成为改善风电运行特性的一个新研究热点，主要实现方法有转子侧加装 Crowbar 保护电路、网侧串联动态电压恢复器(dynamic voltage restorer, DVR)以及直流环节附加储能系统等。其主要实现方案如图 1-1 所示。

早期的 DFIG-LVRT 大多采用 Crowbar 保护电路实现，采用 Crowbar 电路短接转子绕组为转子侧浪涌电流提供通路，从而保护电机和变流器，这使得 DFIG 在电网故障时变为不可控大转子电阻笼型异步发电机运行，故障时需要从电网吸收大量无功，此时 DFIG 对电网电压失去控制作用，甚至阻碍故障切除后电网电压的恢复。近年来，有关 LVRT 的研究又有了新的进展，部分学者提出在 DFIG

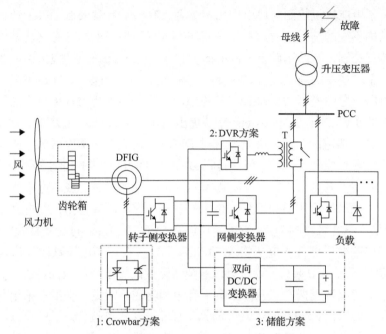

图 1-1　双馈式风电主要的低电压穿越方案

转子侧变换器直流母线加装 Chopper 卸荷电路，且在传统电流环的基础上附加磁链环的双闭环控制策略改善故障穿越性能的方案，在小幅电网电压跌落故障下不仅能控制有功和无功，而且能衰减定子磁链的暂态，实现近乎平直的定子有功功率和电磁转矩。Huang 等[7]提出了新颖的 DFIG 无磁链观测器电流反向追踪控制策略应对严重电网对称和不对称故障，解决了过流、过压问题，同时抑制了电磁转矩振荡，改进的控制策略还能提供动态无功支持。Li 等[8]提出不附加额外设备的改进型磁链幅值和角度控制应对 DFIG 的 LVRT 运行策略，通过仿真验证了所提策略的有效性。有学者尝试在 DFIG 转子侧变换器的附加前馈参考电流控制中引入原电流环策略，在不影响原电流环稳定性的前提下，获得了精确的暂态控制目标，提升了系统对双馈电机参数漂移和电网频率波动的鲁棒性。Haidar 等[9]针对 DFIG 的 LVRT 提出采用转子侧 Crowbar 电路和直流母线 Chopper 卸荷电路双重保护策略，在电网电压故障期间，二者彼此协调保护转子侧变换器和直流侧电容，提升了机组故障穿越能力，相比传统的常规 Crowbar 保护，具有更快的电网恢复能力，采用双重保护方案不仅能在故障时消耗转子侧能量，还能限制转子侧变换器的电流，因此能保护转子侧变换器和减小直流母线电容的过压损坏。Alsmadi 等[10]针对大型风电高渗透率对电力系统的动态特性影响日益严重的情况,对 DFIG 在对称和不对称电网故障下 LVRT 运行的暂态特性和动态行为进行了深入广泛的研究。

　　立足于电能质量控制与风电应用相结合，有些学者尝试在 DFIG 转子侧变换器拓扑结构不变的前提下通过控制策略切换进行风力发电与动态无功补偿和谐波抑制一体化控制，在此基础上，Flannery 和 Venkataramanan[11]提出了网侧采用并联整流和串联逆变的新型复合式拓扑结构来加强 LVRT 能力。立足于电压跌落时对电网电压支撑的考虑，Ramirez 等[12]提出了采用网侧加装 DVR 来提高鼠笼异步风电机组的 LVRT 能力，Wessels 等[13]提出新颖的 Crowbar 电路结合 DVR 实现 DFIG-LVRT，遗憾的是，该文献没有对 DFIG 的电流不平衡度做深入研究，且增加了硬件成本和控制复杂性，但这是将 DVR 和 DFIG-LVRT 相结合的开端，近年来，广泛应用于电力系统的 DVR 因配置灵活、性能优越、成本适中等优点，在风电 LVRT 领域的应用引起了越来越多的关注。有关研究包括：在电网电压恢复时，提出采用串补策略的 DVR 发出无功提升 LVRT 能力；通过三相桥式结构 DVR 向定子侧串联变压器注入电压实现 DFIG-LVRT；在定子电压跌落和恢复时采用 DVR 抑制定子磁链衰减分量，可有效避免故障期间转子电流浪涌冲击，实现转子电流基本上无超调且保持正弦波、定子有功和电磁转矩更加平滑；采用前馈和反馈相结合的 DVR 提升 DFIG-LVRT 能力，通过仿真和实验验证了所提方案对无功功率补偿以及电压和潮流控制的有效性，DVR 的投入运行提升了机组的故障穿越性能；采用 DVR 与 DFIG 转子侧变换器共用直流母线拓扑，且 DVR 侧采用全钒液流电池储能，研究结果显示该方案抑制了风电出力波动并补偿了电压畸变，提升了故障穿越能力和风电消纳水平。

　　在研究单机运行、控制和功率调节的基础上，近期相关科技工作者又开始对风电集群展开了研究，Wang 等[14]针对多风电集群的柔性故障穿越 (flexible fault ride through, FFRT) 运行，提出了新颖的风电集群分类策略，并基于 DIgSILENT PowerFactory 软件进行了仿真分析，验证了所提方案对实现大型风电集群故障穿越的有效性。立足分布式可再生能源发电灵活并网辅助服务，有学者提出了逆变器注入无功功率实现电压控制的新方法，可实现不同电网电压故障工况下分布式发电增强电压支撑和故障穿越运行，测试结果证实了控制算法的理论特性，其较传统控制方式有明显优点。Huang 等[15]基于成本有效保护策略，提出了新颖的 DFIG 风电系统动态调整串联电阻的暂态定子电压控制算法，实现电网故障期间串联电压补偿和缓解有功不平衡，加强了 FFRT 特性，满足了风电场并网导则的要求。

　　大型风光同场建设在一定程度上能弥补单独风力发电或光伏发电的供电不稳定性，但与常规发电模式的可靠、可控、可调度相比，风力发电和光伏发电受自然气候影响较大，具有随机性、间歇性、波动性特点，因此调度比较困难。高效储能系统可快速调节发电与供电之间的时差矛盾，能够从时间和空间上有效地隔离电能的生产和使用，可同电网进行功率交换，实现风电和光电的时空平移，既能削峰填谷，又能平滑功率波动，使风电和光电成为稳定可调度的"绿色"电源，从而保证风电和光伏电站发电的连续性和稳定性，参与电网实时调度，实现电网多电源和谐发展，将风电和光电发展为电网友好型"绿色"电力。国外针对 DFIG 平滑出力的研究也持续了多年，为了解决 DFIG 输出波动问题，有学者提出采用超导故障电流限制器磁储能线圈串联接入定子或转子电路方案，在 DFIG 正常运行时实现平滑出力波动，在电网故障时超导线圈能自动作为限流电感限制定转子浪涌电流，实现了故障穿越和平滑出力一体化。为了避免不必要的能量损耗，有学者利用电网频率偏差风险评估模式的 DFIG 输出功率波动控制器，在平滑出力和能量损耗之间实现寻优控制，使大型双馈式风电场在非正常风速下规避频率偏差事故。

1.1.2 国外 PMSG 式风电改善运行特性与功率调节研究状况

直驱式永磁同步发电机转子与风机叶轮直接连接，省去了高故障率的齿轮箱，具有机械损耗低、运行效率高、维护成本低、调速范围宽等优点，在大功率风电机组领域的应用非常广泛。

国外对于 PMSG-LVRT 的研究比 DFIG-LVRT 要少，主要原因是 PMSG 通过全功率变流器与电网直接相连，一旦电网发生电压跌落故障，由于发电机与电网实现了解耦，不会直接影响到风机的运行特性，相对于双馈式风电机组具有更强的 LVRT 运行能力。其实现 LVRT 的关键问题在于如何维持直流环节电容电压的稳定，主要方法有改善控制策略、中间直流环节加装 Chopper 卸荷电路、网侧串联 DVR 以及直流环节附加储能系统等。其主要实现方案如图 1-2 所示。

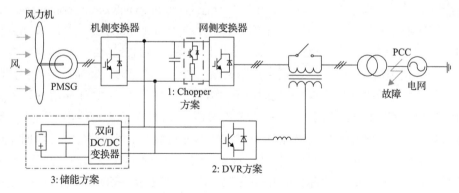

图 1-2 直驱式永磁同步风电主要的低电压穿越方案

Kim 等[16]提出基于反馈线性化的机侧变换器而不是传统的网侧变换器控制直流电压策略，实现电网电压故障时的 LVRT 运行，通过 2MW PMSG 机组仿真与 2.68kW 小功率实验验证了所提控制策略的有效性。Yaramasu 等[17]针对机侧二极管整流、网侧二极管钳位三电平逆变器的 PMSG 全功率变流器拓扑结构，提出了预测控制加强直驱式 PMSG 机组在电网故障工况时的 LVRT 运行能力。为了加强 PMSG 在电网非正常扰动时的动态特性和故障运行能力，有学者提出有源扰动注入控制器方法，满足了并网导则的要求。中间直流侧加入 Chopper 卸荷电路因为可靠性高、成本低、符合大功率实用化要求所以工业应用最为广泛。Nasiri 等[18]提出了通过改善 PMSG 全功率变流器的控制器参数和维持网侧变换器峰值电流限制有功功率抑制直流母线过电压，从而实现机组穿越各类电网不对称故障运行，且该方案不需要额外的卸荷电路。

近几年也有将储能应用于 PMSG 的相关文献，Uehara 等[19]提出一种简单的 PMSG 直流母线电压和桨距角协调控制策略，风电输出功率的低频和高频波动抑制分别通过桨距角控制和直流母线电压控制实现，通过该方案风力机叶片的应力在高频段有所缓减，直流母线电容由于在低频段没有充放电行为容量也有所降低，配合直流卸荷电路可有效实现 PMSG 在电网故障时的稳定运行。Lyu 等[20]在此基础上又提出了风力机运行状态在线分层最优控制方法，根据功率平滑任务动态分配控制模块，减小了桨距角控制启动频率，取得了更好的 PMSG 输出功率波动平滑效果。

随着各类非线性、时变性电力电子设备在高风电穿透功率电力系统的广泛使用，新能源化、电力电子化电力系统中电能质量问题日益严重，敏感负荷和可再生能源电源对电能质量的要求也越来越高。目前，有将电能质量控制(power quality control，PQC)与风力发电故障穿越控制相结合的研究趋势，国外有些学者开展了相关研究工作。Gounder 等[21]基于风电场必须满足 LVRT 运行规定，为确保电网安全可靠运行，采用增设并联型静止同步补偿器(static synchronous compensator，STATCOM)来提高恒速鼠笼异步电机(squirrel cage induction generator，SCIG)和 DFIG 的 LVRT 能力。Nguyen 和 Lee[22]提出储能系统与直流侧卸荷相结合实现平滑 PMSG 出力波动和 LVRT 的混合控制策略，在电压故障时，储能系统代替网侧变换器进行直流母线电压控制，同时网侧变换器被用作 STATCOM 向电网注入无功电流辅助实现电网电压恢复。有学者提出消除 PMSG 直流母线电压负序分量的控制方法，该策略非常适合电网不对称故障时的电压恢复，并能在故障时实现不间断运行且满足风电并网导则。将 DVR 应用于风电 LVRT 的文献多用于 DFIG 机型，Mahalakshmi 等[23]将基于滑模控制的 DVR 应用于 PMSG 风电系统抑制电网电压跌落。

在研究 PMSG 单机 LVRT 运行与控制以及输出功率调节的基础上，对风电集群的研究也在进行中，风电场在严重电网电压跌落故障时有失步的风险，Geng 等[24]研究直驱式 PMSG 风电场发电量与负荷的有功不平衡时，采用协调电流控制，依据风电并网导则实现同步稳定控制和无功电流支撑。Yao 等[25]提出新颖的协调控制使 60MW SCIG-PMSG 混合风电场中 PMSG 的网侧变换器作 STATCOM 运行提供无功，实现混合风电场 LVRT 运行，仿真和实验结果验证了所提容量配置方法的正确性。

采用新电路拓扑、新控制策略、新型储能方式研究风电机组运行控制、风电场故障穿越性能、电能质量、抑制出力波动以及控制频率和电压稳定是国外当前的热点。

1.1.3　国内 DFIG 式风电改善运行特性与功率调节研究状况

国内曾经发生多起大规模风电集群脱网事故，加深了电力部门对风电可靠性、安全性、灵活性的质疑，对提升风电场故障运行能力、风电机组灵活功率调节和调度能力具有重要的现实意义。国内学者对双馈式风电机组 LVRT 技术的研究和应用投入了较大精力，众所周知，受转子励磁变换器容量所限，DFIG 实现 LVRT 的主要思路集中于限制转子过流和直流母线过压。蔚兰等[26]分析了电网故障时 DFIG 定、转子过电流的原因，提出了一种改进转子侧变换器的控制策略实现 DFIG 在电网电压浅度跌落故障时的 LVRT 运行，但是其控制效果依赖变流器容量及电机参数，故障穿越效果较为有限；对于电网电压深度跌落故障，行之有效的措施有转子侧加装 Crowbar 保护电路方法。徐殿国等[27]针对中国风电集群式开发、高压式接入，且风电机组和风电场之间存在较强暂态耦合的工况，综合考虑机组安全电气应力约束和系统区域电压稳定无功需求，利用 Crowbar 保护电路并通过选择合适的阻值和投切控制策略提高了风电场双馈式机组的 LVRT 运行能力。传统固定阻值的 Crowbar 保护电路很难保证不同故障下的 DFIG 机组的 LVRT 运行，有学者采用动态调整转子撬棒阻值的 DFIG-LVRT 方案，通过转子撬棒自适应控制策略及阻值整定方法，所提方案能够在不同电压跌落深度下限制转子浪涌电流和直流母线过电压，而且减少了 Crowbar 保护电路投切次数及时间。在此基础上，杨晨星等[28]提出了一种基于灭磁理论的 DFIG 软 Crowbar 控制方法，根据电网故障的程度动态调整灭磁电流大小，在电网电压骤降时，有效减少系统振荡时间，实现 DFIG-LVRT 运行，增强了机组的自适应性和鲁棒性。

以上实现 DFIG-LVRT 的策略在 Crowbar 保护电路投入期间，转子侧变换器的闭锁导致双馈电机在电网电压跌落时作大转子电阻异步电机运行，需要从系统吸收无功功率，增大了系统的无功缺额，不利于电网电压的恢复。部分学者立足于将电能质量控制与风电运行相结合，尝试采用增加硬件设备的手段，增强 DFIG-LVRT 运行能力，派生出定子侧串联阻抗、转子侧串联电阻、直流侧 Chopper 卸荷以及串并组合新型电力电子拓扑电路加强故障穿越能力的方法。双馈电机定子在电网电压跌落时会受到负载和电网的双重扰动，张琛等[29]提出定子串联阻抗的低电压主动穿越方案，在定子侧与网侧之间增加了电力电子开关和串联阻抗，通过优化串联阻抗值和控制器设计，不但能保证故障期间 DFIG-LVRT 运行，而且能够通过转子侧变换器向电网注入无功电流，支撑电网电压，使机组故障运行能力得到大幅提升。为改善转子 Crowbar 保护实现 DFIG-LVRT 过程中 DFIG 的不可控状态，有学者提出采用转子串联电阻控制来代替 Crowbar 保护策略，该方案不仅能限制转子侧变换器的电流，还能使双馈电机在故障时间段工作在无功支持模式，优先向电网输出一定的感性无功功率支撑电网电压恢复。DFIG 主要通过释放暂态冲击能量，保障变流器的安全来实现风电机组的不脱网运行，潘文霞等[30]建立了含 Chopper 保护元件的 DFIG 暂态等值计算电路，分析了故障后定转子磁链和电压的暂态过程，完善了双馈式风力发电机在三相短路故障下的短路特性研究。针对各种 DFIG-LVRT 方案的优缺点，研究人员提出利用 Crowbar 保护抑制转子过电流和 Chopper 电路稳定直流母线电压的组合，在躲过暂态冲击后及时退出 Crowbar 电阻并重新激活转子侧变换器，使之及时向电网提供无功支持。目前，大多数的双馈式风电机组都采用了 Crowbar 保护、直流 Chopper 保护和桨距角控制的三重防护措施。

将研究思路跳出限制转子过流和直流母线过压的传统，从抑制电压畸变的根源入手，立足于电压跌落时的实时补偿，有学者提出了采用三单相拓扑型动态电压恢复器对 1.5MW DFIG 端口畸变电压进行完全补偿，分别进行了对称/不对称故障下的零电压、低电压和高电压穿越系统仿真，DFIG 端口电压始终维持在正常水平，实现了柔性故障穿越运行。任永峰等[31]提出采用全钒液流电池储能的 UDVR（uninterrupted dynamic voltage restorer）提升 2MW DFIG 的故障穿越能力，仿真结果表明在电网电压对称/不对称故障时，UDVR 分相串联注入补偿电压，理论上可实现万能故障穿越，机组均不从电网吸收无功，提高了电网适应性，并可辅助电网快速恢复，完全满足国家关于风电 LVRT 标准的要求，实现了 DFIG 柔性故障穿越运行，且故障期间也可向电网馈入友好型清洁风能。姚骏等[32]则利用 DFIG 串联网侧变换器分别对电网电压对称/不对称高电压穿越控制进行了深入研究，通过控制串联网侧变换器的输出电压，维持 DFIG 定子端电压不变，从而避免定、转子过流和过压以及稳定直流母线电压，在此前提下，通过暂态无功支持模式，可协助故障电网实现电压的快速恢复，有效增强了电网高电压故障下 DFIG 的故障穿越能力以及电网的运行稳定性。

随着风电穿透功率的上升，具有随机性、波动性、不可控特性的风电功率波动给电力系统的稳定运行带来了新的挑战，宽时间尺度风电功率波动平抑问题成了近几年的一个研究热点。为了增强高风电占比电力系统的稳定性，国内外学者对于双馈型风电机组/场输出功率波动的平抑进行了广泛研究，有研究人员提出了 DFIG 单机变桨控制与配置超级电容储能功率控制相结合的复合功率波动抑制方法，利用超级电容对风电场有功功率波动进行双向快速、准确的调节，有效地控制了输出功率短时间尺度的波动；通过减载变桨控制进行辅助功率调节，优化了超级电容的能量管理，实现了宽时间尺度的功率波动抑制。为了解决 DFIG 功率输出不稳定问题，目前最常见的方案为加入储能系统，研究学者提出了集成于单台 DFIG 的超导限流-储能系统，在双馈电机原有变流器的基础上，通过附加电路来实现限流和储能双重功能，限流功能有效提高了机组的低电压穿越能力，储能功能有效地平滑了输出有功功率的波动。为了更好地平抑大容量风电场功率波动，李辉等[33]提出两级全钒液流电池(vanadium redox flow battery，VRB)储能的功率优化分配控制策略，VRB 组通过多重双向直流/直流(DC/DC)变换器级联双向直流/交流(DC/AC)逆变器，经过 380V/35kV 升压变压器并联到 DFIG 出口处的交流母线，所提储能单元交流接入方案能很好地平滑风电功率波动，又能减少单个VRB 组的充放电次数。

此外，用于电力系统稳定分析的双馈风电机组模型的准确性对于深入研究风电与电网暂态互动十分重要，张琛等[34]提出一种在时间尺度上可直接与电力系统稳定性分析软件接口的双馈风电机组暂态稳定分析模型，同时也有学者指出对低短路比的弱交流电网中多台风力机组故障穿越技术、控制系统性能及其暂态稳定性研究尚不够深入，探索优化配置不同类型的发电单元发挥多台风电机组的互补优势，是未来风力发电领域的研究热点。

1.1.4 国内 PMSG 式风电改善运行特性与功率调节研究状况

国内对于 PMSG 的研究文献也少于 DFIG，其在电网故障时会引起输入、输出能量的不平衡导致系统直流母线电压的升高，实现 LVRT 的关键在于维持变流器直流环节电容电压的稳定，主要实现措施也与国外研究基本相似，有中间直流环节加装卸荷电路消纳多余的能量、安装储能环节快速吞吐有功功率，以及辅助变流器动态补偿电压等方式，其中卸荷电路因可靠性高、成本低、符合大功率实用化的需要所以目前工业应用最为广泛。部分文献在 PMSG-LVRT 方面比较有新意，张榴晨等[35]针对电流源型 PMSG 变频器，提出基于比例-积分-谐振(PIR)的控制策略，网侧变换器采用 PIR 控制的同时对正负序电流进行控制，可以消除两倍基频的功率波动，进而稳定直流电压，实现 LVRT 运行，遗憾的是，目前的控制目标中还未考虑到 LVRT 时的无功支撑功能。任永峰等[36]针对 2MW 二极管中点钳位式双三电平变流器直驱式 PMSG 的 LVRT，提出了新的电网暂态故障时无功优先、有功受限复合控制策略，可向电网提供暂态无功支持，更有利于电网电压恢复和提升机组的 LVRT 能力，同时向电网注入了友好型清洁电能，此外，胡江和任永峰[37]还提出超级电容储能的三单相拓扑型动态电压恢复器提升永磁同步电机风电系统柔性故障穿越能力，通过采用 DVR 串联分相注入补偿电压，PMSG

风电机组可在多种故障工况下实现 FFRT 运行，并向电网馈入清洁风能。

由于 PMSG 采用全功率变流器，所以在储能参与功率调节方面的研究文献较 DFIG 更多。风速的随机变化会直接导致风电机组的输出功率波动，并网时会引起电网频率波动及电压闪变，甚至危及电网安全[38]。由于无须改变风电机组结构，平滑风电出力波动的主要方法是加装储能装置来间接进行功率平滑[39]，其中包含飞轮储能、超级电容储能、超导储能以及混合储能等，主要特点是通过能量的快速吞吐来频繁地响应输出功率的波动，可操控性高、实时性好。李和明等[40]针对电网故障期间风电机组的功率波动提出了一种机侧变换器控制直流电压稳定、网侧变换器实现最大功率跟踪和有功无功协调的新型控制策略，使电网故障期间风电机组的功率波动由发电机转子承担，消除全功率变流器两端的功率不平衡，达到了稳定直流侧电压的效果。

1.2　九开关变换器技术的发展状况

风电对真实电网环境的适应能力已成为现代风电技术的研究热点。电网中的电能质量问题，可使风电机组出现暂态过电流、转矩脉动、谐波电流、直流侧暂态过压等问题，应按非理想电网条件设计风电系统的运行与控制，以满足现代风电技术对实际电网环境的适配性。研究可以改善电能质量的设备对风电并网运行与控制具有重要意义，电力系统电能质量调节装置具备畸变电压补偿、谐波电流补偿、容量配置灵活、动态性能优越等优点，应用于风电并网领域实现 LVRT 具有理论可行性，将风力发电技术与电能质量控制相结合是近年来的研究热点。

九开关变换器是在传统的 12 开关管背靠背变换器基础上衍生出来的一种通过开关器件复用方式实现替代方案的电路拓扑，减少了 3 个全控型开关器件，具有体积小、开关损耗低、驱动与保护简化、功率密度高、成本较低等优点，多用作 UPQC 来改善配电网电能质量，近年来，有逐步应用于可再生能源发电的趋势。Rauf 和 Khadkikar[41]利用 NSC 实现光伏并网与电网故障时 DVR 串补一体化功能，就 NSC 作为 UPQC 运行而言，串联补偿实现 DVR 功能较本书作者所提三单相拓扑结构，在器件数量和成本上有所下降，动态响应特性也有所提升，此外其并联补偿模块还能实现有源电力滤波器(active power filter，APF)功能抑制谐波电流，优势较为明显。也有用 NSC 取代常规的网侧变换器[42]，应用于 DFIG 风力发电并网与提升 LVRT 一体化的研究，可实现电网电压对称/不对称跌落/骤升时的柔性故障穿越运行。还有用 NSC 取代常规的 DFIG 转子侧 12 开关背靠背变换器的方式，有研究学者给出了两个等效变换器的调制偏移量与直流母线电压的计算原则，仿真和实验验证了所提方案可实现与原 12 开关管背靠背变换器同等的功能。陈宇等[43]提出了针对系统特性设计直流母线电压分时权重的实时分配新方法，依据不同运行工况动态分配直流母线电压,所提 NSC 型双馈风电系统具有较好的综合性能,在大规模风电系统中应用前景广阔,本书作者则侧重于优化九开关型 UPQC 的运行方案[44,45],实现对谐波电流、对称/不对称轻度电压跌落、高电压故障、严重三相对称电压跌落的快速补偿,可增强双馈风电系统对电网的适应能力,提高输出电能质量,维持电网电流的正弦波特性和 DFIG 机端电压的稳定,实现了 DFIG 风电系统柔性故障穿越运行。Kirakosyan 等[46]采用 NSC 的串并联补偿功能实现了 6 台 1.5MW 鼠笼异步机型风电场的 LVRT 运行,为提升电压源型高压直流输电近海风电场的运行能力,该团队采用 NSC 对系统进行串并联补偿,增强了风电场响应电网扰动的稳定性和故障穿越运行能力。Louis 等[47]则将 NSC 应用于风电、水电混合系统,实现风电并网和混合储能的能量管理。

目前,国内外关于 NSC 调制策略的研究也是一个热点,研究人员针对 NSC 提出一种新型交叉正弦脉冲宽度调制(SPWM)方法,对同频和变频两种调制模式进行了对比分析,解决了去除开关耦合和调制深度不足的问题,优化了 NSC 的性能。在此基础上,有学者提出了一种新的空间矢量调制方式以及九开关 Z 源逆变器拓扑结构,新的空间矢量调制方式更有利于减小谐波电流总畸变率,提高了电压利用率。也有学者尝试削减一半运行模式的空间矢量脉冲宽度调制(SVPWM)方法,NSC 的开关频率与常规 SVPWM 相比也降低一半,显示出该调制策略具有更好的性能。Jarutus 和 Kumsuwan[48]提出一种载波移相空间矢量脉宽调制算法,克服了常规方法输出电压低、电流波形畸变的缺点,取得了较好的稳态和暂态性能。也有研究人员采用通用的阶梯式 SVPWM 方法,与其他技术相比,该方法降低了 NSC 平均开关次数,取得了最高的效率,降低了开关损耗。Ali 等[49]对比了 NSC 与背靠背变换器的热性能,前者损耗更低,并通过仿真和实验进行了验证,邱伟康等[50]提出适用于双馈风电系统转子侧变换器的 NSC 恒定开关频率电流滑模控制新方法,直接在三相静止坐标系进行电流滑模闭环控制,生成 NSC 驱动所需占空比,简化了设计过程,所提滑模控制可综合考虑瞬时控制、NSC 直流母线电压与电流容量动态分配,可实现 DFIG-LVRT 运行和动态无功补偿。

1.3 储能技术在风力发电中的应用

风力、光伏发电受自然条件影响,表现出间歇性、波动性、调控能力和暂态支撑能力差等特点,发电功率难以保持平稳,严重时会造成电网频率和电压不稳,给电网安全稳定运行带来了新挑战。储能作为一种具有灵活响应特性的可调度电源,可使原本刚性连接的电力系统变得柔性起来,为平滑风电出力、削峰填谷和移峰错谷提供了全新的思路和有效的技术手段,同时使风电和光电成为稳定可调度的"绿色"电源,保证可再生能源发电的连续性和稳定性,使其参与电网实时调度，实现电网友好型多电源和谐发展。在可再生能源发电系统配置储能装置，能够有效提升电网运行的可靠性，改善电能质量，可在电力充沛时储存电能，在自然状况导致可再生能源发电能力不足时或负荷高峰时通过储能装置释放电能。大容量储能技术在可再生能源发电领域中的重要补充作用已得到业内认可，利用储能双向功率流动能力和灵活调节特性可提高系统对新能源发电的接纳能力。大规模储能技术对于破解新能源并网消纳瓶颈具有重要的现实意义。本书只对应用于风力发电系统的储能技术进行简要梳理。

1.3.1 锂离子电池储能

锂离子电池的正极活性物质为锂的活性化合物，负极活性物质为碳材料，具有能量密度大、寿命长、荷电保持能力强、工作温度范围宽等优点，被认为是最具发展潜力的动力电池体系。锂离子电池将是继镍镉、镍氢电池之后，市场前景最好、发展最快的一种二次电池。目前制约大容量锂离子电池应用的最主要障碍是电池的安全性，即电池在过充、短路、冲压、穿刺、振动、高温热冲击等滥用条件下，易发生爆炸或燃烧等不安全行为，其中，过充是引发锂离子电池不安全行为的最危险因素之一。锂离子电池内部结构如图 1-3 所示。

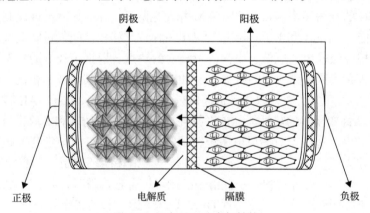

图 1-3　锂离子电池内部结构

2018 年 7 月，国网江苏综合能源服务集团有限公司、山东电工电气集团有限公司、许继集团有限公司共同投资建设了镇江电网侧储能电站集群，储能电站总容量为 101MW/202MW·h，由 8 个分布式储能电站组成，解决了 100MW 负荷缺口。2018 年 12 月，河南电网 100MW 电池储能示范工程正式运行，该工程在河南省内选取 9 个地市共 16 个变电站，综合配置 21 组模块（容量为 4.8MW/4.8MW·h）、总规模为 100.8MW/100.8MW·h 的磷酸锂电池储能系统，是我国建成投运的首个电网侧分布式百兆瓦级电池储能工程，可以有效进行削峰填谷，提高新能源的消纳能力。青海鲁能海西州多能互补集成优化示范工程 50MW/100MW·h 的磷酸铁锂电池储能项目顺利并网发电。该示范工程是以风、光、热、储为主导的纯清洁能源工程，储能主要是对风电、光伏发电进行优化、补偿，减少弃风弃光，平滑出力曲线，削峰填谷，能够有效地解决用电高峰期和低谷期电力输出的不平衡问题和提高电网的稳定性。2020 年 1 月，列入"智能电网技术与装备"国家重点研发计划的福建省首个电网侧大型储能——晋江储能电站试点项目一期启动并网成功，项目采用额定功率和容量为 30MW/108.8MW·h 的磷酸铁锂电池，为电网运行提供调峰、调频、备用、黑启动、需求响应支撑等多种服务，是提升传统电力系统灵活性、经济性和安全性的重要手段，能够显著提高风、光等可再生能源的消纳水平，促进能源生产消费开放共享和灵活交易，实现多能协同。2022 年国内外锂离子电池储能相关示范工程如表 1-1 所示。

表 1-1　2022 年国内外锂离子电池储能示范工程项目

项目名称	系统结构	主要特点
萧山发电厂电化学储能电站	氢燃机系统、磷酸铁锂电池储能系统	提升新能源消纳与电网稳定运行水平，提供电厂发电辅助服务
江苏永臻科技用户侧储能项目	变压器、双向变流器及磷酸铁锂电池储能系统	用户侧储能有效缓解电网压力，保障电网运行的安全性和可靠性
湖南城步儒林 100MW/200MW·h 储能示范项目工程	100MW/200MW·h 电池组、升压变流一体舱	促进湖南省新能源消纳、增强省网调峰调频能力
美国 Crimson Energy Storage 项目	1400MW·h 锂离子电池储能系统	提高加利福尼亚州电网灵活调节能力、减少二氧化碳及碳氧化物排放
荷兰 GIGA Buffalo 储能项目	变压器、双向变流器及磷酸铁锂电池储能系统	缓解可再生动力发电的间歇性，提高电网可靠性
新加坡 Jurong Island 项目	200MW/200MW·h 磷酸铁锂电池储能系统	加快在岛上落实洁净能源解决方案，减少碳排放量

1.3.2　液流电池储能

液流电池不同于固体材料电极或气体电极的电池，其活性物质是流动的电解质溶液。液流电池利用正负极电解液分开、各自循环的电化学储能装置，在离子交换膜两侧的电极上分别发生还原与氧化反应，此化学反应为可逆的，因此可达到多次充放电的目的。液流电池储能容量由储存槽中的电解液容积决定，而输出功率取决于电池的反应面积，由于两者可以独立设计，因此系统设计的灵活性大而且受设置场地限制小。液流电池根据电解液中活性物质的不同，可以分为 VRB、锂离子液流电池(lithium ion flow battery，LIF)、锌溴液流电池(zinc bromine flow battery，ZBF)等，其系统结构如图 1-4 所示。液流电池电化学极化小，其中全钒液流电池具有能量效率高、蓄电容量大、能够 100%深度放电、可实现快速充放电、寿命长等优点,全钒液流电池已经实现商业化运作,能够有效平滑风力发电功率波动。

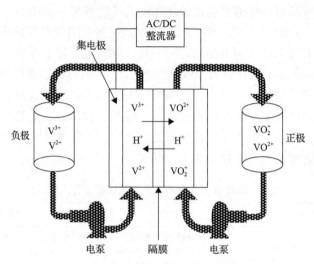

图 1-4   全钒液流电池储能系统结构

国外研究全钒液流电池较早,它是由 Skyllas-Kazacos 教授及其新南威尔士大学同事提出的,通过在两个半电池溶液中添加钒的不同价态离子来解决所有液流电池的固有问题——电解液的交叉污染,并于 1986 年申请了世界上第一个 VRB 专利。2015 年加勒比的双岛国安提瓜和巴布达在维尔伯德国际机场建造了一座 3MW/12MW·h 的光伏储能电站,其已投入运行,促进可再生能源高效利用,为安提瓜实现环保持续性发展作出重要贡献。2018 年英国格拉斯哥大学研发了新款液流电池,利用纳米级电池微粒来储存电量或氢气,从而提升电池的储能能力。将其用于电动汽车储能,仅需数秒就能完成充放电,提高了电池的充电效率。2020 年永维能源系统在美国南加利福尼亚州 Soboba 消防局部署了一套容量为 0.5MW·h 的全钒液流储能系统,用于保障紧急服务和当地社区电力供应,从而免受山林野火造成的电网中断影响。

国内也做了充足的技术储备,2017 年乐山创新储能技术研究院有限公司在乐山第二污水厂建立了当时四川最大的全钒液流电池储能示范工程(0.08MW/0.48MW·h)。2018 年湖北首个百兆瓦级全钒液流储能电站落户临空港经济技术开发区,该电站将作为备用电源,协助电网实现谷电峰用调度,支持智能电网的运行,并为高精企业提供应急供电服务。2019 年,湖北中钒储能科技有限公司建设了 10MW 光伏+10MW/40MW·h 全钒液流储能光储一体化示范项目,主要负责光伏输出功率的消纳、削峰填谷、保电增容、智能配电等。2020 年四川伟力得能源股份有限公司新疆阿瓦提全钒液流储能电站 7.5MW/22.5MW·h 项目一期成功并网，将与光伏电站联合运行，平滑光伏出力，参与地区电网调峰、调频，解决当地弃光问题。2021 年 3 月北京普能世纪科技有限公司宣布将在湖北襄阳市部署一个 100MW 光伏和 100MW/500MW·h 全钒液流集成电站项目，实现光伏发电平滑并网。随着 2022 年国内大量的全钒液流电池储能项目逐步完成，凭借其优异特性，全钒液流电池在未来电化学储能市场的影响将稳固提升，2022 年国内外新增全钒液流电池储能相关示范工程如表 1-2 所示。

表 1-2　2022 年国内外新增全钒液流电池储能相关示范工程

项目名称	系统结构	主要特点
枞阳海螺全钒液流储能项目	6MW/36MW·h 全钒液流电池+光伏发电系统	行业内规模较大的全钒液流电池用户侧储能电站
大连全钒液流电池储能项目	100MW/400MW·h 全钒液流电池+风光发电系统	扩大电网对风能、光伏等能源的吸纳容量，作为黑启动电源
潍坊盐酸基全钒液流储能项目	全钒液流电池储能系统+风力发电系统	功率较大的盐酸基全钒液流电池储能电站
英国牛津锂离子+全钒液流电池混合储能项目	全钒液流电池+锂离子电池储能系统+光伏发电系统	功率较大的锂离子电池+全钒液流电池联合储能项目
日本北海道全钒液流电池储能项目	17MW/51MW·h 全钒液流电池储能系统+风力发电系统	帮助当地风电资源并网实现 8000t 二氧化碳减排

1.3.3　超级电容储能

超级电容是建立在德国物理学家亥姆霍兹提出的界面双电层理论基础上的一种新型的电容，是介于传统电容和蓄电池之间的一种新型的储能元件，其内部结构如图 1-5 所示，图中 C 为电容，ε_r 为电容率，A 为电极板表面积，d 为板间距，E 为电容器所储存的能量，U 为电容两端电压。与传统电容相似，超级电容也是由于电介质在电场作用下产生极化电荷从而产生极性效应，电荷紧密地排列在

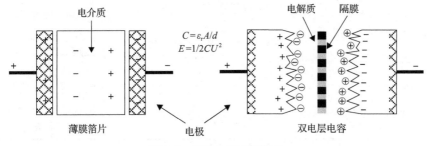

图 1-5　超级电容内部结构

双电层上并在双电层间形成电容，由于相比普通电容具有更小的电荷层间距，因而具有更大的容量。与传统电容相比，超级电容具有功率密度高、能量密度适中、无记忆效应、充放电速度快、转换效率高、控制简单、工作温度范围宽和无污染等优点。

国外超级电容产业化发展较早，以美国为首的发达国家对超级电容的研究较为重视，其规模化集成应用的领域包括汽车、轨道车辆能量回收、局部电网频率调节、规模化混合储能等。美国 Maxwell 公司，提供超级电容生产与集成业务，2013 年，美国 Maxwell 公司将超级电容运用到风力发电系统中，使得风机变桨系统更加稳定，也给整个移动储能领域带来了技术革新。

国内也对超级电容的性能及应用测试进行了广泛的研究，2016 年 8 月，中国首列完全自主化全线无接触网"超级电容"现代有轨电车在中车株洲电力机车有限公司下线。该有轨电车可在站台区 30s 内快速完成充电，一次充电可运行 3～5km，制动时能将 85%以上的制动能量回收。基于超级电容的性能优势，2019 年 8 月，国网江苏省电力有限公司设备部组建了电能质量提升专项技术攻关团队，聚焦电压暂降、谐波消除等"卡脖子"难题攻关。国网江苏省电力有限公司电力科学研究院专业人员深入现场调研，分析对比技术路线，提出了集谐波抑制、无功补偿、暂降治理、储能等功能于一体的超级电容微储能技术方案。2021 年 2 月，国网江苏省电力有限公司自主研制的变电站超级电容微储能装置在南京江北新区 110kV 虎桥变电站投运，可实现快速功率响应、主动抑制电网谐波、灵活调节无功、提高供电可靠性，助力电网更加安全可靠地运行。2022 年国内超级电容储能示范工程如表 1-3 所示。

表 1-3　2022 年国内超级电容储能示范工程项目

项目名称	系统结构	主要特点
乌兰察布新型储能技术验证平台设计采购施工(EPC)工程	新能源发电、超级电容+锂电池混合储能系统	混合储能系统支撑交流电网功率，解决电网的功率突变和谐波问题
南京江北新区 110kV 虎桥变电站	超级电容微储能装置、变电站	提升南京江北新区电能质量和供电可靠性
连云港岸电储能一体化系统	锂离子电池+超级电容储能系统	国内首套岸电储能一体化系统，降低了船舶使用岸电的成本
广州 1500V 地铁列车用超级电容储能装置	超级电容储能、地铁列车、1500V 直流电网	实现制动能量再利用，避免能耗装置电阻放热造成电能浪费
襄垣经济技术开发区增量配电网项目	锂离子电池+超级电容混合储能	保障襄垣县"源网荷储"一体化项目用电

第2章 主流风力发电机数学模型

进入 21 世纪以来，随着风力发电技术的不断成熟和成本快速下降，全球越来越多的国家开始拓展风电事业，风力发电与光伏发电已成为发展速度最快、装机规模最大、商业化发展最好的新能源电源类型。

风力发电技术历经 30 多年的机型演进与技术迭代发展，市场化大规模应用的主流风电机组仍以双馈式、直驱式和半直驱式为主。

双馈风电系统的主要优点如下：

(1)连续变速运行，风能转换率高。

(2)部分功率变换，变频器成本相对较低(仅为永磁同步风电系统的 30%~40%)。

(3)电能质量好(输出功率平滑、功率因数高)。

双馈风电系统的主要缺点如下：

(1)转子双向励磁变频器结构和控制较复杂。

(2)电刷与滑环间存在机械磨损，电刷属易损件。

(3)早期机型的齿轮箱故障率较高。

永磁同步风电系统的主要优点如下：

(1)连续变速运行，风能转换率高，可降低桨距控制的动态响应要求，改善桨叶上的机械应力状况。

(2)励磁不可调，感应电动势随转速和负载变化。

(3)采用可控脉冲宽度调制(PWM)整流或不控整流后接 DC/DC 变换器，可维持直流母线电压基本恒定，同时还可控制发电机电磁转矩以调节风轮转速。

永磁同步风电系统的主要缺点如下：

(1)永磁发电机体积大、重量大，成本高。

(2)全容量、全控变流器控制复杂，成本高。

(3)永磁发电机存在定位转矩，给机组启动造成困难。

以下分别对这两种风力发电机的数学模型进行理论推导和分析。

2.1 双馈电机的数学模型

交流励磁双馈发电机是在同步发电机和异步发电机的基础上发展起来的一种新型发电机，转子具有三相励磁绕组结构，其本质上是具有同步发电机特性的交流励磁异步发电机，是目前应用最为广泛的风电发电技术之一。随着变速恒频风力发电技术的快速发展，交流励磁双馈发电机得到了广泛的研究与应用，由于其变速恒频控制方案是在转子电路实现的，流过转子电路的功率是由发电机的转速运行范围所决定的转差功率，仅为电机额定功率的一部分，交流励磁双馈发电机的控制方案除了可实现变速恒频控制、减小变换器的容量外，在磁场定向矢量控制下可实现有功和无功的解耦控制[51]。

　　虽然各种电机的原理和形式不同，但本质上均是通过相对运动进行电磁转换的耦合电路。因此，通过坐标变换的方法将交流电机模型等效为直流电机，问题和计算过程将会大大简化。本书将对功率不变条件下的坐标变换和绕组匝数不变条件下的坐标变换分别进行分析，以不同坐标系下磁势相同作为等效变换原则，先通过克拉克(Clarke)变换完成 A-B-C 坐标系下三相合成磁势到 α-β 坐标系下两相合成磁势的变换，再通过帕克(Park)变换将静止坐标系转换为旋转坐标系，等效变换过程如图 2-1 所示。

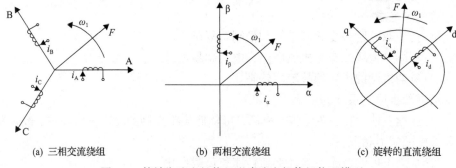

(a) 三相交流绕组　　　　　(b) 两相交流绕组　　　　　(c) 旋转的直流绕组

图 2-1　等效交流电机绕组和直流电机绕组物理模型

　　上述等效变换过程是进行交流电机分析计算的基本变换，其中 i_A、i_B、i_C 分别为三相静止坐标系下的电流；i_α、i_β 为两相静止坐标系下的电流；i_d、i_q 为两相旋转坐标系下的电流；ω_1 为旋转角速度；F 为旋转磁动势。其重要意义在于，通过一个与旋转磁场同步运动的旋转参考坐标系，使得 A-B-C 三相坐标系下的正弦函数变量转化为 d-q 轴的直流变量，大大简化了定子、转子相关变量的转矩、磁链、电压方程，使双馈电机动态特性的分析和求解变得更加容易[52,53]。

　　三相静止坐标系下双馈电机的物理模型经过变换后，在两相同步旋转 d-q 轴的模型如图 2-2 所示。其中 u_{ds}、u_{qs}、u_{dr}、u_{qr} 分别是定、转子电压 d-q 轴分量，d_s、q_s 为定子 d-q 轴分量，d_r、q_r 为转子 d-q 轴分量。

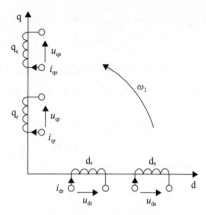

图 2-2　两相同步旋转 d-q 轴双馈电机的物理模型

2.1.1　双馈电机在两相同步旋转坐标系下按电动机惯例的数学模型

为了研究方便和统一，首先按照电动机惯例定义双馈电机定子和转子变量方向，即取电流的正方向为流入电路的方向，电磁转矩的正方向与旋转方向一致。

经过坐标变换，双馈电机在两相同步旋转坐标系下的等效电路如图 2-3 所示。

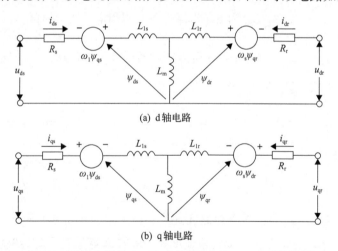

图 2-3　双馈电机的 d-q 轴动态等效电路——电动机惯例

由坐标变换过程中的数学关系可知，A-B-C 三相静止坐标系下的正弦变量在 d-q 同步旋转坐标系下将变换为直流变量。同时，可以很方便地验证：对于定子、转子相关的所有电压、电流、磁链、转矩方程，无论是经过数学关系变换推导，还是依据其物理意义直接引出，在 d-q 轴的最终形态均是一致的。

定子和转子在 d-q 轴的电压方程分别为

$$u_{ds} = R_s i_{ds} + p\psi_{ds} - \psi_{qs} p\theta_1 = R_s i_{ds} + p\psi_{ds} - \omega_1 \psi_{qs}$$

$$u_{qs} = R_s i_{qs} + p\psi_{qs} + \psi_{ds} p\theta_1 = R_s i_{qs} + p\psi_{qs} + \omega_1 \psi_{ds}$$

$$u_{dr} = R_r i_{dr} + p\psi_{dr} - \psi_{qr} p\theta_1 = R_r i_{dr} + p\psi_{dr} - \omega_s \psi_{qr} \qquad (2\text{-}1)$$

$$u_{qr} = R_r i_{qr} + p\psi_{qr} + \psi_{dr} p\theta_1 = R_r i_{qr} + p\psi_{qr} + \omega_s \psi_{dr}$$

式中，R_s、R_r 分别为定、转子电阻；ψ_{ds}、ψ_{qs}、ψ_{dr}、ψ_{qr} 分别为定、转子磁链的 d-q 轴分量；$p=\mathrm{d}/\mathrm{d}t$，为微分算子；θ_1 为 d 轴与 A 轴的夹角。

定子和转子在 d-q 轴的磁链方程分别为

$$\psi_{ds} = L_{1s} i_{ds} + L_m \left(i_{ds} + i_{dr} \right) = L_s i_{ds} + L_m i_{dr}$$

$$\psi_{qs} = L_{1s} i_{qs} + L_m \left(i_{qs} + i_{qr} \right) = L_s i_{qs} + L_m i_{qr}$$

$$\psi_{dr} = L_{1r} i_{dr} + L_m \left(i_{dr} + i_{ds} \right) = L_r i_{dr} + L_m i_{ds} \qquad (2\text{-}2)$$

$$\psi_{qr} = L_{1r} i_{qr} + L_m \left(i_{qr} + i_{qs} \right) = L_r i_{qr} + L_m i_{qs}$$

式中，$L_m = \dfrac{3}{2} L_{ms}$ 为 d-q 坐标系同轴等效定子与转子绕组间的互感，L_{ms} 为定子最大相间互感；$L_s = L_{1s} + \dfrac{3}{2} L_{ms}$ 为 d-q 坐标系等效两相定子绕组的自感，L_{1s} 为定子漏电感；$L_r = L_{1r} + \dfrac{3}{2} L_{ms}$ 为 d-q 坐标系等效两相转子绕组的自感，L_{1r} 为转子漏电感。

将式(2-2)代入式(2-1)，得到

$$\begin{bmatrix} u_{ds} \\ u_{qs} \\ u_{dr} \\ u_{qr} \end{bmatrix} = \begin{bmatrix} R_s + pL_s & -\omega_1 L_s & pL_m & -\omega_1 L_m \\ \omega_1 L_s & R_s + pL_s & \omega_1 L_m & pL_m \\ pL_m & -(\omega_1 - \omega_r)L_m & R_r + pL_r & -(\omega_1 - \omega_r)L_r \\ (\omega_1 - \omega_r)L_m & pL_m & (\omega_1 - \omega_r)L_r & R_r + pL_r \end{bmatrix} \begin{bmatrix} i_{ds} \\ i_{qs} \\ i_{dr} \\ i_{qr} \end{bmatrix} \quad (2\text{-}3)$$

式中，$\omega_1 = p\theta_1$ 为 d-q 轴坐标系旋转角速度；$\omega_1 - \omega_r = p(\theta_1 - \theta) = p\theta_2 = \omega_2 = \omega_s$ 为转差角速度；$\omega_r = p\theta$ 为转子旋转角速度。如果取 ω_1 等于定子旋转磁场的角速度，这种 d-q 系统被称为同步旋转 d-q 系统。

将三相静止坐标系下的双馈电机数学模型变换到 d-q 同步旋转坐标系后，运动方程形式不变，电磁转矩方程发生变化，化简后得到

$$T_e = \frac{3}{2} n_p L_m \left(i_{qs} i_{dr} - i_{ds} i_{qr} \right) = \frac{3}{2} n_p \left(\psi_{qr} i_{dr} - \psi_{dr} i_{qr} \right) \qquad (2\text{-}4)$$

式中，n_p 为极对数。

从式(2-4)可以看出，第一个分量是交轴磁通和直轴电流相互作用产生的，并具有正号，第二个分量是由直轴磁通和交轴电流相互作用产生的，具有负号，同轴的磁通和电流相互作用并不产生力矩。

电动机产生的电磁转矩拖动机械负载，如果电磁转矩和机械转矩 T_m 之间不匹配，电磁转矩与机械负载转矩之差使转子加速，从而有

$$T_e - T_m = J\frac{\mathrm{d}\omega_m}{\mathrm{d}t} = J\frac{\mathrm{d}^2\theta}{\mathrm{d}t^2} \tag{2-5}$$

式中，ω_m 为转子角速度；J 为转子及其连接负载的转动惯量。式(2-3)~式(2-5)称为双馈电机在两相同步旋转 d-q 轴下按电动机惯例的动态数学模型。

2.1.2 双馈电机在两相同步旋转坐标系下按发电机惯例的数学模型

在发电机惯例中，电流的流出方向为正方向，坐标变换过程与电动机惯例下类似，图 2-4 给出了双馈电机按发电机惯例的 d-q 轴动态等效电路。

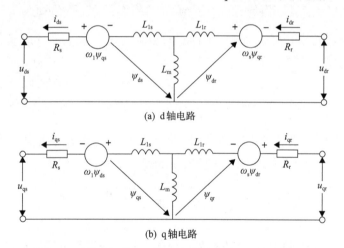

(a) d 轴电路

(b) q 轴电路

图 2-4 双馈电机的 d-q 轴动态等效电路——发电机惯例

定子电压方程：

$$\begin{cases} u_{ds} = -R_s i_{ds} - p\psi_{ds} + \omega_1\psi_{qs} \\ u_{qs} = -R_s i_{qs} - p\psi_{qs} - \omega_1\psi_{ds} \end{cases} \tag{2-6}$$

转子电压方程：

$$\begin{cases} u_{dr} = -R_r i_{dr} - p\psi_{dr} + \omega_s\psi_{qr} \\ u_{qr} = -R_r i_{qr} - p\psi_{qr} - \omega_s\psi_{dr} \end{cases} \tag{2-7}$$

定子磁链方程：

$$\begin{cases} \psi_{ds} = L_{ls}i_{ds} + L_m\left(i_{ds} - i_{dr}\right) = L_s i_{ds} - L_m i_{dr} \\ \psi_{qs} = L_{ls}i_{qs} + L_m\left(i_{qs} - i_{qr}\right) = L_s i_{qs} - L_m i_{qr} \end{cases} \tag{2-8}$$

转子磁链方程：

$$\begin{cases} \psi_{dr} = L_{lr}i_{dr} + L_m\left(i_{dr} - i_{ds}\right) = L_r i_{dr} - L_m i_{ds} \\ \psi_{qr} = L_{lr}i_{qr} + L_m\left(i_{qr} - i_{qs}\right) = L_r i_{qr} - L_m i_{qs} \end{cases} \tag{2-9}$$

将磁链方程代入电压方程，得到 d-q 轴的电压-电流方程：

$$\begin{bmatrix} u_{ds} \\ u_{qs} \\ u_{dr} \\ u_{qr} \end{bmatrix} = \begin{bmatrix} -R_s - pL_s & \omega_1 L_s & pL_m & -\omega_1 L_m \\ -\omega_1 L_s & -R_s - pL_s & \omega_1 L_m & pL_m \\ -pL_m & \omega_s L_m & R_r + pL_r & -\omega_s L_r \\ -\omega_s L_m & -pL_m & \omega_s L_r & R_r + pL_r \end{bmatrix} \begin{bmatrix} i_{ds} \\ i_{qs} \\ i_{dr} \\ i_{qr} \end{bmatrix} \tag{2-10}$$

转矩方程和运动方程：变换到 d-q 同步旋转坐标系下后，运动方程形式不变，电磁转矩方程发生变化。

$$T_e = \frac{3}{2}n_p L_m\left(i_{ds}i_{qr} - i_{qs}i_{dr}\right) = \frac{3}{2}n_p\left(\psi_{dr}i_{qr} - \psi_{qr}i_{dr}\right) \tag{2-11}$$

原动机产生的机械转矩拖动发电机，如果机械转矩 T_m 和电磁转矩之间不匹配，机械负载转矩与电磁转矩之差使转子加速，从而有

$$T_m - T_e = J\frac{d\omega_m}{dt} = J\frac{d^2\theta}{dt^2} \tag{2-12}$$

式(2-10)～式(2-12)为 DFIG 在两相同步旋转坐标系下按发电机惯例的动态模型。

可以看出，无论是按照电动机惯例还是发电机惯例，在同步旋转坐标系下等效的两相模型都非常直观简单。由于 d-q 两轴互相垂直，两轴描述的变量之间没有互感的耦合关系，当三相坐标系中的电压和电流变量是正弦函数时，等效的两相变量为直流函数，由此构造的等效数学模型可以简化控制设计和分析过程。

2.1.3 双馈电机的标幺值方程

除了对三相正弦变量进行坐标系变换等效为直流变量外，将系统中各物理量变换为标幺值也是电力系统分析和工程计算中常用的变换方法。标幺制为相对单

位制的一种，通过消去物理量的量纲，以实际值与基准值的比值来表示物理量的大小，如果基准值选取合适，可以简化掉公式中的比值和系数，从而使计算和设计更为简单。采用标幺制进行简化计算的方法是，先选取某个物理量，找到一个合适的基准值，在基准值确定后，其余相关物理量可以根据相互之间的基本关系进行推导变换，从而得到简化的表达公式。一般来说，可将主要变量在额定条件下的取值作为基准值。在 2.1.2 节得出的双馈电机等效模型基础上，首先可定义定子侧物理量的额定值作为基准值，转子侧各量的基准值根据与定子侧对应值的关系进行折算，根据以上基准值定义，可对等效模型中的各个方程式进行标幺值变换，得到消去常数的表达式，从而进一步简化计算分析过程。

为了便于识别和理解，定义上方带有横线的物理量为标幺值变量。

首先，选取定子侧的主要变量定义出基准值(用下标 s 标注)，如表 2-1 所示。

表 2-1　双馈电机基准值一览表

基准值	单位	基准值	单位
$u_{\text{s.base}}$ 额定相电压峰值	V	$Z_{\text{s.base}} = \dfrac{u_{\text{s.base}}}{i_{\text{s.base}}}$	Ω
$i_{\text{s.base}}$ 额定相电流峰值	A	$L_{\text{s.base}} = \dfrac{u_{\text{s.base}}}{i_{\text{s.base}}\omega_{\text{base}}}$	H
f_{base} 额定频率	Hz	$\psi_{\text{s.base}} = \dfrac{u_{\text{s.base}}}{\omega_{\text{base}}}$	Wb·T(韦·匝)
$\omega_{\text{base}} = 2\pi f_{\text{base}}$	rad/s	转矩基准值 $T_{\text{base}} = \dfrac{3n_{\text{p}}}{2}\left(\psi_{\text{s.base}}i_{\text{s.base}}\right)$	N·m
$\omega_{\text{m.base}} = \dfrac{1}{n_{\text{p}}}\omega_{\text{base}}$	rad/s	$\text{VA}_{\text{base}} = \dfrac{3}{2}\left(u_{\text{s.base}}i_{\text{s.base}}\right)$	V·A

注：VA_{base} 为视在功率基准值。

转子侧基准值可根据与定子侧关系进行折算，为了便于计算，将折算系数简化为 1，即转子侧基准值与定子侧相同。

在 2.1.2 节得出的双馈电机等效模型基础上，通过把各式中物理量除以基准值，可完成等效模型的标幺值变换。例如，利用 $u_{\text{ds}} = R_{\text{s}}i_{\text{ds}} + p\psi_{\text{ds}} - \omega_{\text{s}}\psi_{\text{qs}}$(为保持一致性用下标 s 代替下标 1)，除以 $u_{\text{s.base}}$，并注意到 $u_{\text{s.base}} = Z_{\text{s.base}}i_{\text{s.base}} = \omega_{\text{base}}\psi_{\text{s.base}}$，

可得 $\dfrac{u_{\text{ds}}}{u_{\text{s.bace}}} = \dfrac{R_{\text{s}}}{Z_{\text{s.base}}}\dfrac{i_{\text{ds}}}{i_{\text{s.base}}} + p\left(\dfrac{1}{\omega_{\text{base}}}\dfrac{\psi_{\text{ds}}}{\psi_{\text{s.base}}}\right) - \dfrac{\omega_{\text{s}}}{\omega_{\text{base}}}\dfrac{\psi_{\text{qs}}}{\psi_{\text{s.base}}}$，用标幺值形式表示为

$$\overline{u}_{\text{ds}} = \overline{R}_{\text{s}}\overline{i}_{\text{ds}} + \overline{p\psi}_{\text{ds}} - \overline{\omega}_{\text{s}}\overline{\psi}_{\text{qs}} \tag{2-13}$$

类似地可以推导出其他电压方程的标幺值形式表达式：

$$\overline{u}_{qs} = \overline{R}_s \overline{i}_{qs} + \overline{p\psi}_{qs} + \overline{\omega}_s \overline{\psi}_{ds} \tag{2-14}$$

$$\overline{u}_{dr} = \overline{R}_r \overline{i}_{dr} + \overline{p\psi}_{dr} - \left(\overline{p\theta_r}\right)\overline{\psi}_{qr} \tag{2-15}$$

$$\overline{u}_{qr} = \overline{R}_r \overline{i}_{qr} + \overline{p\psi}_{qr} - \left(\overline{p\theta_r}\right)\overline{\psi}_{dr} \tag{2-16}$$

$$\overline{p}\theta_r = \frac{1}{\omega_{base}}\left(p\theta_r\right) = s\overline{\omega}_s = \frac{\omega_s - \omega_r}{\omega_s} \tag{2-17}$$

用 $\psi_{s.base} = L_{s.base} i_{s.base}$ 遍除式(2-2)，可得磁链方程的标幺值形式表达式：

$$\overline{\psi}_{ds} = \overline{L}_s \overline{i}_{ds} + \overline{L}_m \overline{i}_{dr} \tag{2-18}$$

$$\overline{\psi}_{qs} = \overline{L}_s \overline{i}_{qs} + \overline{L}_m \overline{i}_{qr} \tag{2-19}$$

$$\overline{\psi}_{dr} = \overline{L}_r \overline{i}_{dr} + \overline{L}_m \overline{i}_{ds} \tag{2-20}$$

$$\overline{\psi}_{qr} = \overline{L}_r \overline{i}_{qr} + \overline{L}_m \overline{i}_{qs} \tag{2-21}$$

根据式 (2-4)，等式两端除以 $T_{base} = \dfrac{3n_p}{2}\left(\psi_{s.base} i_{s.base}\right)$，可得 $\dfrac{T_e}{T_{base}} =$

$\dfrac{\dfrac{3n_p}{2}\left(\psi_{qr} i_{dr} - \psi_{dr} i_{qr}\right)}{\dfrac{3n_p}{2}\left(\psi_{s.base} i_{s.base}\right)}$，即

$$\overline{T}_e = \overline{\psi}_{qr} \overline{i}_{dr} - \overline{\psi}_{dr} \overline{i}_{qr} \tag{2-22}$$

用 $T_{base} = \dfrac{VA_{base}}{\omega_{base}}$ 去除式(2-5)，可得

$$\frac{T_e}{T_{base}} - \frac{T_m}{T_{base}} = J\frac{\omega_{m.base}}{VA_{base}}\omega_{m.base} p\frac{\omega_m}{\omega_{m.base}} \text{ 或} p\left(\overline{\omega}_r\right) = \frac{1}{2H}\left(\overline{T}_e - \overline{T}_m\right) \text{或}$$

$$\overline{p}\left(\omega_r\right) = \frac{1}{2H\omega_{base}}\left(\overline{T}_e - \overline{T}_m\right) \tag{2-23}$$

式中，$\overline{\omega}_r = \dfrac{\omega_m}{\omega_{m.base}} = \dfrac{\dfrac{\omega_r}{n_p}}{\dfrac{\omega_{base}}{n_p}} = \dfrac{\omega_r}{\omega_{base}}$；$H = \dfrac{1}{2}\dfrac{J\omega_{m.base}^2}{VA_{base}}$，$H$ 可理解为电动机负载产生

的惯性常数。

将机械负载转矩公式 $T_m = T_0 (\bar{\omega}_r)^m$ (式中 $\bar{\omega}_r$ 表示以同步转速为基准值的标幺转速，T_0 为转矩常数)除以转矩基准值 T_{base} ，可得

$$\frac{T_m}{T_{base}} = \frac{T_0}{T_{base}} (\bar{\omega}_r)^m \text{ 或 } \bar{T}_m = \bar{T}_0 (\bar{\omega}_r)^m \qquad (2\text{-}24)$$

式(2-13)~式(2-24)表示了电动机惯例下的双馈电机标幺值动态方程。出现在方程中的标幺时间导数 $\bar{p}$ 与以秒表示的时间导数 p 之间的关系为

$$\bar{p} = \frac{d}{dt} = \frac{1}{\omega_{base}} \frac{d}{dt} = \frac{1}{\omega_{base}} p \qquad (2\text{-}25)$$

为与前面基于实际量的双馈电机的电动机惯例方程相对比具有形式的一致性，也可以省去上横线。双馈电机在发电机惯例下的标幺值方程推导过程相同，此处不再赘述。

2.2　永磁同步电机的基本方程

对于直驱式永磁同步风力发电系统而言，理解同步电机的特性和建立其精确的数学模型是极其重要的。永磁同步电机的转子用永磁材料制成，无须直流励磁，广泛应用于交流调速系统和伺服系统，在大型风力发电领域应用较多的是外转子、内定子结构 PMSG，电机体积与转动惯量较大，有利于降低风速波动对发电机运行性能的影响，但也造成了运输安装困难。永磁同步电机按转子上永磁体安装方式分为表贴式和内埋式。表贴式一般为隐极式，采用内转子、外定子结构的表贴式永磁同步电机在旋转时，由于永磁体安装在转子外表面，所受离心力可能导致永磁体脱离转子，因而适用于低速场合；为了提高可靠性，表贴式永磁同步电机还可采用外转子、内定子的结构，可使永磁体被附着在转子内表面，其所受离心力将有助于永磁体附着在转子铁心上，直驱式永磁同步风电系统常采用此种结构的电机。内埋式永磁同步电机永磁体被嵌入转子表面，转子铁心与永磁体间磁导率的差异会形成凸极效应，属于凸极 PMSG。

直驱式永磁同步电机由于不需要对转子进行励磁，向电网输出的功率通过全功率变流器全部进行交-直-交转换，在变流器控制运行稳定可靠的情况下，具有更好的并网电能质量特性。在遇到电网故障发生电压跌落/骤升时，可以通过全功率变流器实现发电机与电网的完全解耦运行，因此相对于 DFIG 而言，PMSG 先天具有更好的故障穿越能力。

2.2.1 永磁同步电机在两相同步旋转坐标系下按电动机惯例的数学模型

为了便于控制设计与计算，同样可采用同步旋转坐标系变换的方法推导出永磁同步电机更为精简的数学模型。同时，为避免工程计算过程中因正负方向不统一产生计算结果错误，首先需要对三相坐标系下各个电磁量的正方向进行统一定义。

（1）按照发电机惯例定义相电流方向和绕组机端电压极性，即机端电压的正极是电流的正方向。

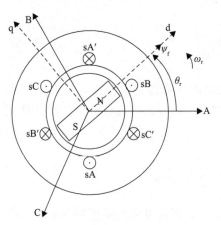

图 2-5　永磁同步电机定、转子空间布置图

（2）转子永磁体的正值磁链方向和 N-S 正方向一致。

（3）定子各相绕组的负值磁链是由其正值电流产生的，各绕组相应轴线的正方向规定为对应的磁链的正方向。

通过以上正方向的定义，各绕组磁链和电流的方向如图 2-5 所示，图中 s 表示正极。以 A 相定子绕组轴线正方向为参考方向。

假如 $t=0$ 时，永磁体轴线与定子 A 相轴线的夹角为 θ_r，磁链在空间按正弦规律分布。

三相定子电压、电流方程分别为

$$\begin{cases} u_{sA}(t) = \sqrt{2}U\cos(\omega t + \theta_s) \\ u_{sB}(t) = \sqrt{2}U\cos(\omega t - 120^\circ + \theta_s) \\ u_{sC}(t) = \sqrt{2}U\cos(\omega t + 120^\circ + \theta_s) \end{cases} \tag{2-26}$$

$$\begin{cases} i_{sA}(t) = \sqrt{2}I\cos(\omega t + \theta_s - \phi_s) \\ i_{sB}(t) = \sqrt{2}I\cos(\omega t - 120^\circ + \theta_s - \phi_s) \\ i_{sC}(t) = \sqrt{2}I\cos(\omega t + 120^\circ + \theta_s - \phi_s) \end{cases} \tag{2-27}$$

式中，θ_s 为 $t=0$ 时定子 A 相电压的相角初始值；ϕ_s 为定子 A 相负载阻抗角；U、I 为定子电压、电流有效值。那么定子电压方程在静止坐标系下可表示为

$$\begin{cases} u_{sA}(t) = -R_s i_{sA}(t) + \dfrac{\mathrm{d}\psi_{sA}(t)}{\mathrm{d}t} \\[2mm] u_{sB}(t) = -R_s i_{sB}(t) + \dfrac{\mathrm{d}\psi_{sB}(t)}{\mathrm{d}t} \\[2mm] u_{sC}(t) = -R_s i_{sC}(t) + \dfrac{\mathrm{d}\psi_{sC}(t)}{\mathrm{d}t} \end{cases} \tag{2-28}$$

式中，R_s 为定子电阻；ψ_{sA}、ψ_{sB}、ψ_{sC} 为发电机定子磁链。

磁链方程可表示为

$$\begin{bmatrix} \psi_{sA} \\ \psi_{sB} \\ \psi_{sC} \end{bmatrix} = \begin{bmatrix} L_{AA} & L_{AB} & L_{AC} \\ L_{BA} & L_{BB} & L_{BC} \\ L_{CA} & L_{CB} & L_{CC} \end{bmatrix} \begin{bmatrix} -i_{sA} \\ -i_{sB} \\ -i_{sC} \end{bmatrix} + \psi_f \begin{bmatrix} \cos\theta_r \\ \cos(\theta_r - 2\pi/3) \\ \cos(\theta_r - 4\pi/3) \end{bmatrix} \tag{2-29}$$

式中，$L_{AA} = L_{BB} = L_{CC} = L_s$ 为定子每一相的自感；$L_{AB} = L_{BA} = L_{AC} = L_{CA} = L_{BC} = L_{CB} = M_S$ 为定子 A、B、C 三相绕组的互感；ψ_f 为转子永磁体产生的磁链。因此，式(2-29)可表示为

$$\begin{bmatrix} \psi_{sA} \\ \psi_{sB} \\ \psi_{sC} \end{bmatrix} = \begin{bmatrix} L_s & M_s & M_s \\ M_s & L_s & M_s \\ M_s & M_s & L_s \end{bmatrix} \begin{bmatrix} -i_{sA} \\ -i_{sB} \\ -i_{sC} \end{bmatrix} + \psi_f \begin{bmatrix} \cos\theta_r \\ \cos(\theta_r - 2\pi/3) \\ \cos(\theta_r - 4\pi/3) \end{bmatrix} \tag{2-30}$$

漏磁对应的电感为漏感，L_{s1} 即为各绕组漏感，因为绕组的分布对称性，所以漏感值相等。定子互感 L_{sm} 对应于定子绕组之间交链的最大互感磁通。对于定子每一相绕组来说，它所交链的磁通是互感磁通与漏感磁通之和，因此，定子各相绕组自感：$L_{sm} + L_{s1} = L_s$，两相绕组之间只有互感，且互感为常值。

$$M_s = L_{sm} \cos(2\pi/3) = -\frac{1}{2} L_{sm} \tag{2-31}$$

所以电感矩阵为

$$\begin{bmatrix} L_s & M_s & M_s \\ M_s & L_s & M_s \\ M_s & M_s & L_s \end{bmatrix} = \begin{bmatrix} L_{sm} + L_{s1} & -\dfrac{1}{2} L_{sm} & -\dfrac{1}{2} L_{sm} \\[2mm] -\dfrac{1}{2} L_{sm} & L_{sm} + L_{s1} & -\dfrac{1}{2} L_{sm} \\[2mm] -\dfrac{1}{2} L_{sm} & -\dfrac{1}{2} L_{sm} & L_{sm} + L_{s1} \end{bmatrix} \tag{2-32}$$

根据动力学理论，电机的电磁转矩可以表达为

$$T_e = \frac{3}{2}n_p\left(\psi_{sd}i_q - \psi_{sq}i_d\right) = \frac{3}{2}n_p i_q\left[\left(L_q - L_d\right)i_d + \psi_f\right] \tag{2-33}$$

永磁同步电机若采用隐极式结构，则有 $L_q = L_d$ ，$T_e = \frac{3}{2}n_p i_q \psi_f$ ，此时电磁转矩与 q 轴电流 i_q 成正比。因此，在风速工况变化时，可通过调节 i_q 对永磁同步电机的电磁转矩进行控制，实现 PMSG 转速的动态控制，使机组在最佳叶尖速比状态下运行，达到最好的风能利用效果。

在实际工程计算中，由于三相静止坐标系下永磁同步电机的电压方程(式(2-28))系数中含有时变电感，而且是一组微分方程，求解较为复杂，不利于计算分析，在对其进行同步旋转坐标系变换后，时变电感可以被消除，得到一个具有清晰物理意义的同步电机数学模型。

同样，需要先对旋转坐标系下电磁量的方向进行定义，这里按照电动机惯例，定义电流流入的方向为正方向，旋转方向为电磁转矩的正方向。按照上述定义，图 2-6 给出了永磁同步电机在电动机惯例下的 d-q 轴坐标系动态等效电路。

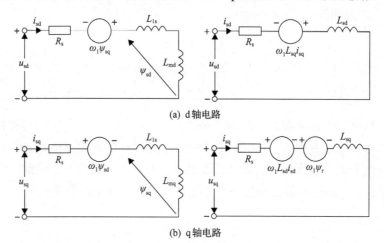

(a) d 轴电路

(b) q 轴电路

图 2-6　永磁同步电机的 d-q 轴坐标系动态等效电路——电动机惯例

d-q 轴坐标系的电压方程：

$$\begin{cases} u_{sd} = R_s i_{sd} + \dfrac{\mathrm{d}\psi_{sd}}{\mathrm{d}t} - \omega_1 \psi_{sq} = R_s i_{sd} + L_{sd}\dfrac{\mathrm{d}i_{sd}}{\mathrm{d}t} - \omega_1 L_{sq} i_{sq} \\[4mm] u_{sq} = R_s i_{sq} + \omega_1 \psi_{sd} + \dfrac{\mathrm{d}\psi_{sq}}{\mathrm{d}t} = R_s i_{sq} + \omega_1 L_{sd} i_{sd} + \omega_1 \psi_r + L_{sq}\dfrac{\mathrm{d}i_{sq}}{\mathrm{d}t} \end{cases} \tag{2-34}$$

d-q 轴坐标系的磁链方程：

$$\begin{cases} \psi_{sd} = L_{sd}i_{sd} + \psi_r \\ \psi_{sq} = L_{sq}i_{sq} \end{cases} \tag{2-35}$$

式中，$\psi_r = L_{md}I_f$，L_{md} 为 d 轴励磁电感，I_f 为励磁电流。

图 2-6 中电感关系如下：

$$\begin{cases} L_{sd} = L_{md} + L_{ls} \\ L_{sq} = L_{mq} + L_{ls} \end{cases} \tag{2-36}$$

d-q 轴坐标系的转矩方程：

$$T_e = \frac{3}{2}n_p\left(\psi_{sd}i_{sq} - \psi_{sq}i_{sd}\right) = \frac{3}{2}n_pi_{sq}\left[\left(L_{sq} - L_{sd}\right)i_{sd} + \psi_r\right] \tag{2-37}$$

对于隐极发电机，有 $L_d = L_q$，此时发电机的电磁转矩 T_e 与 q 轴电流 i_{sq} 成正比。
d-q 轴坐标系的运动方程：

$$T_e - T_m = \frac{J}{n_p}\frac{d\omega_T}{dt} = \frac{J}{n_p}\frac{d^2\theta}{dt^2} \tag{2-38}$$

式中，ω_T 为叶片转速；T_e 为电磁转矩；T_m 为机械负载转矩；J 为发电机转子转动惯量；n_p 为极对数。式 (2-34)～式 (2-38) 构成了永磁同步电机按电动机惯例的完备数学模型。

2.2.2　永磁同步电机在两相同步旋转坐标系下按发电机惯例的数学模型

图 2-7 给出了永磁同步电机按发电机惯例的 d-q 轴坐标系动态等效电路。

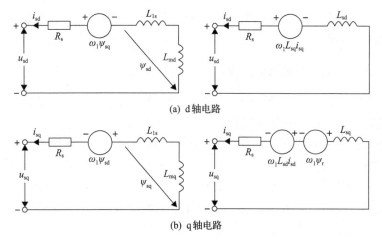

(a) d 轴电路

(b) q 轴电路

图 2-7　永磁同步电机的 d-q 轴坐标系动态等效电路——发电机惯例

d-q 轴坐标系的电压方程：

$$
\begin{cases}
u_{sd} = -R_s i_{sd} + \omega_1 \psi_{sq} - \dfrac{d\psi_{sd}}{dt} = -R_s i_{sd} + \omega_1 L_{sq} i_{sq} - L_{sd} \dfrac{d i_{sd}}{dt} \\[2mm]
u_{sq} = -R_s i_{sq} - \omega_1 \psi_{sd} - \dfrac{d\psi_{sq}}{dt} = -R_s i_{sq} - \omega_1 L_{sd} i_{sd} - \omega_1 \psi_r - L_{sq} \dfrac{d i_{sq}}{dt}
\end{cases}
\tag{2-39}
$$

d-q 轴坐标系的磁链方程：

$$
\begin{cases}
\psi_{sd} = L_{sd} i_{sd} + \psi_r \\[2mm]
\psi_{sq} = L_{sq} i_{sq}
\end{cases}
\tag{2-40}
$$

对于常用于风电系统的表贴式隐极发电机，d-q 轴励磁电感相等（即 $L_{md}=L_{mq}$）；凸极发电机中，d 轴励磁电感通常小于 q 轴励磁电感（即 $L_{md} < L_{mq}$）。转子绕组中的励磁电流可采用 d 轴电路中的恒流源 I_f 表示。在永磁同步电机中，可采用固定幅值的等效电流源 I_f 来模拟转子回路中的永磁体。

同步发电机的电磁转矩方程与异步发电机相同，d-q 轴坐标系的转矩方程为

$$
T_e = \frac{3}{2} n_p \left(\psi_{sq} i_{sd} - \psi_{sd} i_{sq} \right) = -\frac{3}{2} n_p i_{sq} \left[\left(L_{sq} - L_{sd} \right) i_{sd} + \psi_r \right]
\tag{2-41}
$$

d-q 轴坐标系的运动方程为

$$
T_m - T_e = \frac{J}{n_p} \frac{d\omega_T}{dt} = \frac{J}{n_p} \frac{d^2\theta}{dt^2}
\tag{2-42}
$$

式(2-39)～式(2-42)为永磁同步电机在两相同步旋转 d-q 参考坐标系下按发电机惯例的动态数学模型。

2.2.3 永磁同步电机的标幺值方程

与双馈电机的标幺变换类似，为了简化计算，可以对 d-q 轴坐标系下的永磁同步电机数学模型再进行标幺变换。

前面永磁同步电机方程中，定子电流和电压为瞬时值，在需要用正弦量来表示它们的地方，则用峰值和时间、频率的正弦函数来表示。为实现永磁同步电机方程标幺化，这里同样先定义定子量的标幺值。选择定子基准值（用下标 s 标注）e_{sbase} 为额定相电压的峰值；i_{sbase} 为额定线电流的峰值；f_{base} 为额定频率。其余量的基准值可按表 2-2 进行计算。

表 2-2　永磁同步电机基准值计算公式

变量	单位	变量	单位
$\omega_{\text{base}}^{a} = 2\pi f_{\text{base}}$	rad/s	$\psi_{\text{sbase}} = L_{\text{sbase}} i_{\text{sbase}} = \dfrac{e_{\text{sbase}}}{\omega_{\text{base}}}$	Wb·T (韦·匝)
$\omega_{\text{mbase}}^{b} = \omega_{\text{base}}\left(\dfrac{2}{n_{\text{p}}}\right)$	rad/s	转矩基准值 $=\dfrac{\text{VA}_{\text{base}}}{\omega_{\text{mbase}}} = \dfrac{3}{2}\left(\dfrac{n_{\text{p}}}{2}\right)\psi_{\text{sbarse}} i_{\text{sbase}}$	N·m
$Z_{\text{sbase}} = \dfrac{e_{\text{sbase}}}{i_{\text{sbase}}}$	Ω	$\text{VA}_{\text{base}} = 3E_{\text{RMSbase}} I_{\text{RMSbase}} = 3\dfrac{e_{\text{sbase}}}{\sqrt{2}}\dfrac{i_{\text{sbase}}}{\sqrt{2}}$	V·A
$L_{\text{sbase}} = \dfrac{Z_{\text{sbase}}}{\omega_{\text{base}}}$	H	$=\dfrac{3}{2}e_{\text{sbase}} i_{\text{sbase}}$	

a 电角速度。

b 机械角速度。

1. 标幺定子电压方程

根据 $e_{\text{d}} = p\psi_{\text{d}} - \psi_{\text{q}}\omega_{\text{r}} - R_{\text{a}}i_{\text{d}}$，用 e_{sbase} 遍除各项，并注意到 $e_{\text{sbase}} = i_{\text{sbase}}Z_{\text{sbase}} = \omega_{\text{base}}\psi_{\text{sbase}}$ 得

$$\frac{e_{\text{d}}}{e_{\text{sbase}}} = p\left(\frac{1}{\omega_{\text{sbase}}}\frac{\psi_{\text{d}}}{\psi_{\text{sbase}}}\right) - \frac{\psi_{\text{q}}}{\psi_{\text{sbase}}}\frac{\omega_{\text{r}}}{\omega_{\text{base}}} - \frac{R_{\text{a}}}{Z_{\text{sbase}}}\frac{i_{\text{d}}}{i_{\text{sbase}}} \tag{2-43}$$

用标幺符号表示，为

$$\overline{e}_{\text{d}} = \frac{1}{\omega_{\text{base}}}p\overline{\psi}_{\text{d}} - \overline{\psi}_{\text{d}}\overline{\omega}_{\text{r}} - \overline{R}_{\text{a}}\overline{i}_{\text{d}} \tag{2-44}$$

式(2-43)和式(2-44)中，时间的单位为 s。时间也可用标幺值(或弧度)表示，时间的基准值等于转子以同步速移过一个电弧度需要的时间，为

$$t_{\text{base}} = \frac{1}{\omega_{\text{base}}} = \frac{1}{2\pi f_{\text{base}}} \tag{2-45}$$

采用标幺时间，式(2-44)可写成为

$$\overline{e}_{\text{d}} = \overline{p}\overline{\psi}_{\text{d}} - \overline{\psi}_{\text{q}}\overline{\omega}_{\text{r}} - \overline{R}_{\text{a}}\overline{i}_{\text{d}} \tag{2-46}$$

类似可推导得

$$\overline{e}_{\text{q}} = \overline{p}\overline{\psi}_{\text{q}} - \overline{\psi}_{\text{d}}\overline{\omega}_{\text{r}} - \overline{R}_{\text{a}}\overline{i}_{\text{q}} \tag{2-47}$$

式(2-46)和式(2-47)出现的时间导数 $\overline{p}$ 为

$$\bar{p} = \frac{\mathrm{d}}{\mathrm{d}\bar{t}} = \frac{1}{\omega_{\text{base}}}\frac{\mathrm{d}}{\mathrm{d}t} = \frac{1}{\omega_{\text{base}}}p \tag{2-48}$$

2. 标幺转子电压方程

用 $e_{\text{fdbase}} = \omega_{\text{base}}\psi_{\text{fdbase}} = Z_{\text{fdbase}}i_{\text{fdbase}}$ 遍除转子电压方程各项，标幺转子电压方程可写为

$$\begin{aligned}
\bar{e}_{\text{fd}} &= \bar{p}\bar{\psi}_{\text{fd}} + \bar{R}_{\text{fd}}\bar{i}_{\text{fd}} \\
0 &= \bar{p}\bar{\psi}_{kd} + \bar{R}_{kd}\bar{i}_{kd} \\
0 &= \bar{p}\bar{\psi}_{kq} + \bar{R}_{kq}\bar{i}_{kq}
\end{aligned} \tag{2-49}$$

式中，$\bar{\psi}_{\text{fd}}$、$\bar{\psi}_{kd}$、$\bar{\psi}_{kq}$ 为磁场绕组磁链、d 轴阻尼绕组磁链、q 轴阻尼绕组磁链；$\bar{i}_{\text{fd}}$、$\bar{i}_{kd}$、$\bar{i}_{kq}$ 为磁场绕组电流、d 轴阻尼绕组电流、q 轴阻尼绕组电流；$k = 1, 2, \cdots, n$，n 为阻尼绕组电路数。

3. 标幺定子磁链的方程

利用基本关系 $\psi_{\text{sbase}} = L_{\text{sbase}}i_{\text{sbase}}$，则标幺定子磁链方程可写成

$$\begin{aligned}
\bar{\psi}_{\text{d}} &= -\bar{L}_{\text{d}}\bar{i}_{\text{d}} + \bar{L}_{\text{afd}}\bar{i}_{\text{fd}} + \bar{L}_{akd}\bar{i}_{kd} \\
\bar{\psi}_{\text{q}} &= -\bar{L}_{\text{q}}\bar{i}_{\text{q}} + \bar{L}_{akq}\bar{i}_{kq} \\
\bar{\psi}_{0} &= -\bar{L}_{0}\bar{i}_{0}
\end{aligned} \tag{2-50}$$

其中采用了定义

$$\begin{aligned}
\bar{L}_{\text{afd}} &= \frac{L_{\text{afd}}}{L_{\text{sbase}}}\frac{i_{\text{fdbase}}}{i_{\text{sbase}}} \\
\bar{L}_{akd} &= \frac{L_{akd}}{L_{\text{sbase}}}\frac{i_{kdbase}}{i_{\text{sbase}}} \\
\bar{L}_{akq} &= \frac{L_{akq}}{L_{\text{sbase}}}\frac{i_{kqbase}}{i_{\text{sbase}}}
\end{aligned} \tag{2-51}$$

式中，L_{afd} 为 a 相磁场绕组电感；L_{akd} 为 a 相 d 轴阻尼绕组电感；L_{akq} 为 a 相 q 轴阻尼绕组电感；i_{fdbase} 为磁场绕组电流基准值；i_{kdbase} 为 d 轴阻尼绕组电流基准值；i_{kqbase} 为 q 轴阻尼绕组电流基准值。

4. 标幺转子磁链方程

用标幺形式后，标幺转子磁链方程变为

$$\overline{\psi}_{fd} = \overline{L}_{ffd}\,\overline{i}_{fd} + \overline{L}_{fkd}\,\overline{i}_{kd} - \frac{3}{2}\overline{L}_{afd}\,\overline{i}_d$$

$$\overline{\psi}_{kd} = \overline{L}_{fkd}\,\overline{i}_{fd} + \overline{L}_{kkd}\,\overline{i}_{kd} - \frac{3}{2}\overline{L}_{akd}\,\overline{i}_d \qquad (2\text{-}52)$$

$$\overline{\psi}_{kq} = \overline{L}_{kkq}\,\overline{i}_{kd} - \frac{3}{2}\overline{L}_{akq}\,\overline{i}_q$$

其中采用了定义

$$\overline{L}_{fda} = \frac{3}{2}\frac{L_{afd}}{L_{fdbase}}\frac{i_{sbase}}{i_{fdbase}}$$

$$\overline{L}_{fkd} = \frac{L_{fkd}}{L_{fdbase}}\frac{i_{kdbase}}{i_{fdbase}}$$

$$\overline{L}_{kda} = \frac{3}{2}\frac{L_{akd}}{L_{kdbase}}\frac{i_{sbase}}{i_{kdbase}} \qquad (2\text{-}53)$$

$$\overline{L}_{kdf} = \frac{L_{fkd}}{L_{fdbase}}\frac{i_{fdbase}}{i_{kdbase}}$$

$$\overline{L}_{kqa} = \frac{3}{2}\frac{L_{akq}}{L_{kqbase}}\frac{i_{sbase}}{i_{kqbase}}$$

通过适当选择标幺系统，消去了转子磁链方程中的因子 3/2。但是，还没有确定转子电压和电流的基准值，下面紧接着处理转子量的标幺值问题。

5. 转子量的标幺系统

转子基准值的选择需使得磁链方程简单，这就要满足下列条件：

(1) 不同绕组之间的互感是可逆的，如 $\overline{L}_{afd} = \overline{L}_{fda}$。这样允许永磁同步电机模型用等值电路予以表示。

(2) 每个轴上定子和转子电路之间的所有标幺互感是相等的，如 $\overline{L}_{afd} = \overline{L}_{akd}$。

为了使 $\overline{L}_{fkd} = \overline{L}_{kdf}$ 从而得到可逆性，根据定义式(2-53)，必须满足

$$\frac{L_{fkd}}{L_{fdbase}}\frac{i_{kdbase}}{i_{fdbase}} = \frac{L_{fkd}}{L_{kdbase}}\frac{i_{fdbase}}{i_{kdbase}} \ \text{或}\ L_{kdbase}i_{kdbase}^2 = L_{fdbase}i_{fdbase}^2 \qquad (2\text{-}54)$$

等式两边乘以 ω_{base} ，得 $\omega_{base}L_{kdbase}i_{kdbase}^2 = \omega_{base}L_{fdbase}i_{fdbase}^2$ ，由于 $\omega_{base}L_{base}i_{base} = e_{base}$，则有

$$e_{kdbase}i_{kdbase} = e_{fdbase}i_{fdbase} \qquad (2\text{-}55)$$

因此，为了使转子电路互感相等，它们的伏安基准值必须相等。

为了使互感 $\overline{L}_{afd}$ 和 $\overline{L}_{fda}$ 相等，根据电感定义公式(2-51)和式(2-53)有

$$\frac{L_{afd}}{L_{sbase}}\frac{i_{fdbase}}{i_{sbase}} = \frac{3}{2}\frac{L_{afd}}{L_{fdbase}}\frac{i_{sbase}}{i_{fdbase}} \text{ 或 } L_{fdbase}i_{fdbase}^2 = \frac{3}{2}L_{sbase}i_{sbase}^2 \tag{2-56}$$

等式两边乘以 ω_{base} ，并注意到 $\omega Li = e$ ，得

$$e_{fdbase}i_{fdbase} = \frac{3}{2}e_{sbase}i_{sbase} = \text{定子三相伏安基准值} \tag{2-57}$$

类似地，为了使 $\overline{L}_{akd} = \overline{L}_{kda}$ 和 $\overline{L}_{akq} = \overline{L}_{kqa}$ ，则有

$$\frac{L_{akd}}{L_{sbase}}\frac{i_{kdbase}}{i_{sbase}} = \frac{3}{2}\frac{L_{akd}}{L_{kdbase}}\frac{i_{sbase}}{i_{kdbase}} \text{ 和 } \frac{L_{akq}}{L_{sbase}}\frac{i_{kqbase}}{i_{sbase}} = \frac{3}{2}\frac{L_{akq}}{L_{kqbase}}\frac{i_{sbase}}{i_{kqbase}}$$

这些方程意味着，为了满足上面的条件(1)，所有转子电路的伏安基准值必须相同并且等于定子三相伏安基准值。至此，规定了转子电路的基电压和基电流的乘积。下一步是规定这些电路的基电压和基电流。

定子的自感 L_d 和 L_q 分别与 i_d 和 i_q 产生的总磁链有关联。它们可分为两部分：漏感由不与主磁通路径完全耦合的磁通产生；互感由转子电路链接的磁通产生。定子漏磁通由槽漏磁通、端匝漏磁通和气隙磁通组成。两个轴的定子漏感几乎相等。漏感记为 $\overline{L}_l$ ，互感记为 L_{ad} 和 L_{aq} ，于是有

$$\begin{aligned} L_d &= L_l + L_{ad} \\ L_q &= L_l + L_{aq} \end{aligned} \tag{2-58}$$

为使 d 轴上定子和转子电路之间的所有标幺互感相等，根据定义式(2-51)有

$$\overline{L}_{ad} = \frac{L_{ad}}{L_{sbase}} = \overline{L}_{afd} = \frac{L_{afd}}{L_{sbase}}\frac{i_{fdbase}}{i_{sbase}} = \overline{L}_{akd} = \frac{L_{akd}}{L_{sbase}}\frac{i_{kdbase}}{i_{sbase}} \tag{2-59}$$

因此有

$$\begin{aligned} i_{fdbase} &= \frac{L_{ad}}{L_{afd}}i_{sbase} \\ i_{kdbase} &= \frac{L_{ad}}{L_{akd}}i_{sbase} \end{aligned} \tag{2-60}$$

类似地，要使 q 轴互感 $\overline{L}_{aq} = \overline{L}_{akq}$ 相等，须有

$$i_{kqbase} = \frac{L_{aq}}{L_{akq}} i_{sbase} \tag{2-61}$$

这样就完成了转子基准值的选择。

前面曾提及，这里使用的标幺系统称为基于 L_{ad} 的可逆标幺系统。在这个系统中，任何转子电路的基电流的定义是：它在每相中感应的标幺电动势等于标幺电感 $\overline{L}_{ad}$，也就是说，与对称三相标幺-峰值电枢电流感应的电动势相同。

6. 标幺功率和转矩

经过 d-q 变换后电机出口的瞬时功率为

$$P_1 = \frac{3}{2}\left(e_d i_d + e_q i_q + 2e_0 i_0\right) \tag{2-62}$$

式 (2-62) 除以视在功率基准值 $VA_{base}=3/2e_{sbase}i_{sbase}$，得到标幺功率表达式：

$$\overline{P}_1 = \overline{e}_d \overline{i}_d + \overline{e}_q \overline{i}_q + 2\overline{e}_0 \overline{i}_0 \tag{2-63}$$

类似地，利用转矩基准值 $=\frac{3}{2}\left(\frac{n_p}{2}\right)\psi_{sbase}i_{sbase}$，则转矩的标幺形式为

$$\overline{T}_e = \overline{\psi}_d \overline{i}_q - \overline{\psi}_q \overline{i}_d \tag{2-64}$$

永磁同步电机标幺值如表 2-3 所示。

表 2-3　永磁同步电机标幺值一览表

	基准值	单位		基准值	单位
定子	VA_{base}	V·A	定子	$\omega_{mbase} = \omega_{base}\dfrac{2}{p_f}$	rad/s[b]
	e_{sbase}	V		$L_{sbase} = \dfrac{Z_{sbase}}{\omega_{base}}$	H
	f_{base}	Hz		$\psi_{sbase} = L_{sbase}i_{sbase}$	Wb·T（韦·匝）
	$i_{sbase} =$ 线电流峰值 $= \dfrac{VA_{base}}{3/2e_{sbase}}$			$t_{base} = \dfrac{1}{\omega_{base}}$	s
	$Z_{sbase} = \dfrac{e_{sbase}}{i_{sbase}}$	Ω		$T_{base} = \dfrac{VA_{base}}{\omega_{mbase}}$	N·m
	$\omega_{base} = 2\pi f_{base}$	rad/s[a]			

续表

基准值	单位	基准值	单位
转子 $i_{fdbase} = \dfrac{L_{ad}}{L_{afd}} i_{sbase}$	A	转子 $Z_{kdbase} = \dfrac{VA_{base}}{i^2_{kdbase}}$	Ω
$i_{kdbase} = \dfrac{L_{ad}}{L_{akd}} i_{sbase}$	A	$Z_{kqbase} = \dfrac{VA_{base}}{i^2_{kqbase}}$	Ω
$i_{kqbase} = \dfrac{L_{aq}}{L_{akq}} i_{sbase}$	A	$L_{fdbase} = \dfrac{Z_{fdbase}}{\omega_{base}}$	H
$e_{fdbase} = \dfrac{VA_{base}}{i_{fdbase}}$	V	$L_{kdbase} = \dfrac{Z_{kdbase}}{\omega_{base}}$	H
$Z_{fdbase} = \dfrac{e_{fdbase}}{i_{fdbase}} = \dfrac{VA_{base}}{i^2_{fdbase}}$	Ω	$L_{kqbase} = \dfrac{Z_{kqbase}}{\omega_{base}}$	H

a 电角速度。

b 机械角速度。

7. 完备的永磁同步电机标幺值方程

从基于 L_{ad} 的标幺系统的观点来看，以标幺值表示时有

$$
\begin{aligned}
L_{afd} &= L_{fda} = L_{akd} = L_{kda} = L_{ad} \\
L_{akq} &= L_{kqa} = L_{aq} \\
L_{fkd} &= L_{kdf}
\end{aligned}
\tag{2-65}
$$

下面考虑两个 q 轴阻尼电路，并用下标 1q 和 2q（取代 kq）来将其区别。d 轴仅考虑一个阻尼电路，并用下标 1d 表示。由于所有量都是标幺值，我们省去了字母上加一横的标注。

标幺定子电压方程为

$$
\begin{aligned}
e_d &= p\psi_d - \psi_q \omega_r - R_a i_d \\
e_q &= p\psi_q + \psi_d \omega_r - R_a i_q \\
e_0 &= p\psi_0 - R_0 i_0
\end{aligned}
\tag{2-66}
$$

标幺转子电压方程为

$$
\begin{aligned}
e_{fd} &= p\psi_{fd} + R_{fd} i_{fd} \\
0 &= p\psi_{1d} + R_{1d} i_{1d} \\
0 &= p\psi_{1q} + R_{1q} i_{1q} \\
0 &= p\psi_{2q} + R_{2q} i_{2q}
\end{aligned}
\tag{2-67}
$$

式中，R_{fd} 为磁场绕组电阻；R_{1d} 为 d 轴电阻；R_{1q}、R_{2q} 为第 1 个 q 轴电阻、第 2 个 q 轴电阻。

标幺定子磁链方程为

$$
\begin{aligned}
\psi_d &= -\left(L_{ad} + L_1\right)i_d + L_{ad}i_{fd} + L_{ad}i_{1d} \\
\psi_q &= -\left(L_{aq} + L_1\right)i_q + L_{aq}i_{1q} + L_{aq}i_{2q} \\
\psi_0 &= L_0 i_0
\end{aligned}
\tag{2-68}
$$

标幺转子磁链方程为

$$
\begin{aligned}
\psi_{fd} &= L_{ffd}i_{fd} + L_{f1d}i_{1d} - L_{ad}i_d \\
\psi_{1d} &= L_{f1d}i_{fd} + L_{11d}i_{1d} - L_{ad}i_d \\
\psi_{1q} &= L_{1q}i_{1q} + L_{12q}i_{2q} - L_{aq}i_q \\
\psi_{2q} &= L_{12q}i_{1q} + L_{2q}i_{2q} - L_{aq}i_q
\end{aligned}
\tag{2-69}
$$

标幺转矩方程为

$$
T_e = \psi_d i_q - \psi_q i_d
\tag{2-70}
$$

对于应用于直驱式永磁同步风力发电系统的稳定分析而言，正常求解电机方程时使用标幺值法更为快速简便。

本章介绍的双馈式和永磁同步直驱式两种主流风电机组均为高阶次、多变量、非线性、强耦合的机电能量转换系统，控制策略对系统性能具有重要影响，而精确的风力发电机数学模型又是控制环节有效性的基石，直接关系到机组整体性能，风力发电机数学建模研究意义重大。本书基于两相同步旋转坐标系和两种惯例，详细推导了两种发电机阶数更低、形式更为简洁、求解更加容易的完备的动态数学模型，对从事风力发电仿真建模的工作人员具有重要理论参考价值。通过标幺值的方法，进一步简化了风力发电机模型的数学方程，方便了工程技术人员对风力发电系统的工程计算和控制分析。

第3章　面向风电系统的 NSC 原理与控制

NSC 具有结构简单、体积小、损耗低、驱动简化、功率密度高、成本低等优点，在配电网电能质量控制领域受到了广泛关注。风电对真实电网环境的适应能力已成为现代风电技术的研究热点。NSC 由于优良的电能质量控制能力，可用于非理想电网条件下风电系统的运行与控制，提高现代风电技术对实际电网环境的适配性，近年来有逐步应用于风力发电的趋势。本书尝试将新型 NSC 拓扑用于风力发电技术与电能质量控制的深度融合。

3.1　九开关变换器电路拓扑和驱动逻辑

传统背靠背变换器和九开关变换器的电路拓扑结构如图 3-1 所示。九开关变换器独特的开关器件复用技术使其与传统背靠背变换器在调制方式和驱动逻辑上有所差别。图 3-1(a)所示传统背靠背变换器产生两路独立的输入/输出，两组信号之间不存在耦合[54,55]。为方便分析图 3-1(b)所示九开关变换器的开关状态，该变换器依据分时控制的思想，每一个桥臂输出两路功率脉冲，在以下分析中，均以 A、U 相所在桥臂为例进行分析。

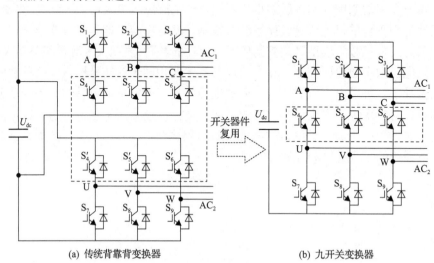

(a) 传统背靠背变换器　　　　　　　　　(b) 九开关变换器

图 3-1　传统背靠背变换器和九开关变换器电路拓扑

U_{dc}-直流侧电压

两路输出的高低电平状态，是由调制方法决定的。在传统的 SPWM 方法中，

取通道 AC_1 调制参考信号为 U_{ra}，通道 AC_2 调制参考信号为 U_{rx}，三角载波信号为 U_c。当上通道调制信号大于三角载波信号时，对应通道输出高电平；当调制信号小于三角载波信号时，对应通道输出低电平，如图 3-2(a) 所示。按照此调制方法，图中 $t_1 \sim t_2$ 和 $t_3 \sim t_4$ 区域对应的开关状态为上通道输出低电平同时下通道输出高电平，若用于图 3-2(b) 则无法满足 NSC 的脉冲制约关系。通过对三角载波调制策略进行适当改进，减小上通道低电平时间长度以及下通道高电平时间长度，达到消除上通道处于低电平、下通道处于高电平的输出状态的目的。对上通道参考信号正向偏置，对下通道参考信号负向偏置，使约束条件 $U_{ra} > U_{rx}$ 恒成立。此时，当上通道因 $U_c > U_{ra}$ 而输出低电平时，下通道必须满足 $U_c > U_{rx}$ 而输出低电平。同理，下通道因 $U_{rx} > U_c$ 而输出高电平时，上通道必须满足 $U_{ra} > U_c$ 而输出高电平。以此策略调制产生的 PWM 脉冲可以满足 NSC 上下两输出通道的独立解耦控制，通过直流偏置，可解决九开关驱动脉冲调制的制约问题。

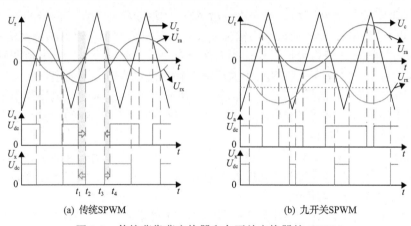

(a) 传统SPWM　　　　　　　　　(b) 九开关SPWM

图 3-2　传统背靠背变换器和九开关变换器的 SPWM

为深入研究 NSC 拓扑调制策略，九开关变换器的开关状态如图 3-3 所示。

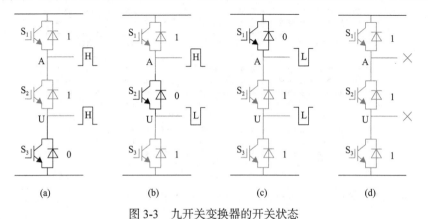

(a)　　　　　　(b)　　　　　　(c)　　　　　　(d)

图 3-3　九开关变换器的开关状态

当 S_1、S_2 开通 S_3 关断时，上下通道均输出高电平。

当 S_1、S_3 开通 S_2 关断时，上通道输出高电平，下通道输出低电平。

当 S_2、S_3 开通 S_1 关断时，上下通道均输出低电平。

当 S_1、S_2、S_3 开通时，桥臂短路，属于故障状态，无输出。

三种调制状态列于表 3-1 中，开关状态分别用 P、N、Z 表示，表中 U_H、U_L 为 A、U 点的电压。

表 3-1　　NSC 调制状态

开关状态	S_1	S_2	S_3	U_H	U_L	信号关系
P	1	1	0	U_{dc}	U_{dc}	$u_{AH}>u_{AL}>U_x$
Z	1	0	1	U_{dc}	0	$u_{AH}>U_x>u_{AL}$
N	0	1	1	0	0	$U_x>u_{AH}>u_{AL}$

得到 NSC 调制状态后，进一步分析 NSC 的通断状态与调制信号的关系。由表 3-1 可看出，NSC 的上通道调制信号 u_{AH} 的幅值一定大于下通道的调制信号 u_{AL} 的幅值。对状态 P 进行分析可知，当上通道需要输出高电平时，上通道调制参考信号 u_{AH} 大于三角载波信号 U_x，下通道需要输出高电平时，下通道调制参考信号 u_{AL} 要大于三角载波信号 U_x。上通道的开关驱动逻辑为 S_1 导通则输出高电平；但下通道驱动逻辑则相反，输出高电平时 S_3 关断，中间开关 S_2 的开关状态则通过 S_1 和 S_3 "异或" 逻辑得出。

因此，NSC 共有三种有效开关状态组合，两个端口输出三种电平状态。若在调制策略中设置直流偏置约束，可消除 NSC 无效开关状态，满足约束条件，实现 NSC 两通道独立解耦控制。

由表 3-1 可知，由于九开关变换器的约束条件限制，A 相桥臂只有 P、N、Z 表示的 3 种开关模式。由于构成 NSC 的三条桥臂间相互独立，彼此间不相互影响，则 NSC 三桥臂的开关模式共有 $3^3=27$ 种。图 3-4 给出了 NSC 的 27 种开关模式。

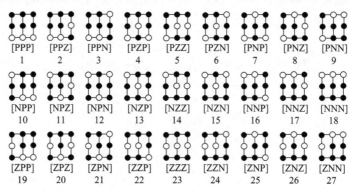

● 开关导通　　○ 开关关断

图 3-4　NSC 的 27 种开关模式

以图 3-4 中模式 1 为例进行分析，A 相桥臂中的 3 个开关器件导通状态均为 $(1，1，0)^{\mathrm{T}}$，B、C 相两桥臂中开关通断状态与 A 相一致，即模式 1 为上、下通道全部关闭。同理，可以分析其他模式。27 种开关模式可分为三类，第一类，双通道全部关闭，如模式 1、18、23；第二类，一个通道关闭，一个通道导通，如模式 2、4、5、15、17、19、20、24、26、27；第三类，上、下两个通道全部导通，如模式 3、6~14、16、21、22、25。

3.2　九开关变换器的数学模型

忽略电网内阻抗并将注入变压器一次侧电路折算到二次侧，电压补偿单元的单相等效运算电路如图 3-5 所示。

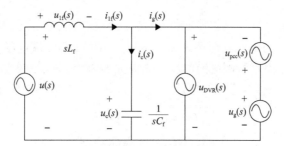

图 3-5　电压补偿单元单相等效运算电路

图 3-5 中，u 为变换器电压补偿单元侧输出电压；u_{lf} 为滤波电感电压，i_{lf} 为其电流，u_{c} 为滤波电容的电压，i_{c} 为其电流，u_{pcc} 为并网点电压（等效故障发生点），u_{g} 为 DFIG 端电压，i_{g} 为 DFIG 端电流，u_{DVR} 为 DVR 注入的补偿电压，当注入变压器变比为 1 时与 u_{c} 相等。

依据等效电路可得

$$u_{\mathrm{g}}(s) = u_{\mathrm{c}}(s) + u_{\mathrm{pcc}}(s)$$
$$u(s) - i_{\mathrm{lf}}(s) \times sL_{\mathrm{f}} = i_{\mathrm{c}}(s) \times \frac{1}{sC_{\mathrm{f}}} \tag{3-1}$$
$$i_{\mathrm{lf}}(s) = i_{\mathrm{g}}(s) + i_{\mathrm{c}}(s)$$

当检测到并网点（point of common coupling，PCC）电压发生畸变时，旁路开关断开，DVR 投入运行，串联注入补偿电压，其工作原理可用式（3-2）表示：

$$U_{\mathrm{g,abc}} = U_{\mathrm{pcc,abc}} + U_{\mathrm{DVR,abc}} \tag{3-2}$$

式中，$U_{\mathrm{g,abc}}$ 为电网电压；$U_{\mathrm{pcc,abc}}$ 为并网点电压；$U_{\mathrm{DVR,abc}}$ 为补偿电压。

通过 DVR 向电网反向注入补偿电压，可确保消除电压畸变并维持 DFIG 端电压的恒定，能实现改善电压质量和 DFIG 风电系统故障穿越运行双重功能。

电流补偿单元的单相等效电路与变换器直流侧 A 相等效电路如图 3-6 所示。

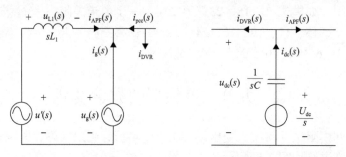

(a) 电流补偿单元单相等效电路　　　　　(b) 变换器直流侧的A相等效电路

图 3-6　电流补偿单元及变换器直流侧等效电路

图 3-6 中，u'为电流补偿单元输出电压，u_g 为 DFIG 端电压，i_{pcc} 为并网点流入电网电流，i_{DVR} 为直流侧流向电压补偿单元的电流，i_{APF} 为直流侧流向电流补偿单元的等效电流，u_{dc} 为直流侧电压，i_{dc} 为其电流。电流补偿单元数学模型如下：

$$i_{pcc}(s) = i_g(s) - i_{APF}(s)$$
$$u'(s) - i_{APF}(s) \times sL_1 = u_g(s)$$

(3-3)

在变换器的直流侧有

$$\begin{cases} i_{dc}(s) = i_{DVR}(s) + i_{APF}(s) \\ u_{dc}(s) = -i_{dc}(s) \times \dfrac{1}{sC} + \dfrac{U_{dc}}{s} \end{cases}$$

(3-4)

当检测到 DFIG 侧有非线性负荷的谐波电流时，APF 投入运行，并联注入补偿电流，其工作原理可用式(3-5)表示：

$$I_{g,abc} = I_{pcc,abc} + I_{APF,abc}$$

(3-5)

式中，$I_{g,abc}$ 为电网电流；$I_{pcc,abc}$ 为并网点电流；$I_{APF,abc}$ 为补偿电流。

通过 APF 向电网反向注入补偿电流，能实现抑制 DFIG 风电并网系统非线性负荷谐波电流的功能。

3.3　九开关变换器的控制策略

依据以上数学模型，结合九开关变换器治理 DFIG 风电系统电压畸变和电流谐波的目的，采取了如图 3-7 所示的控制与调制策略。

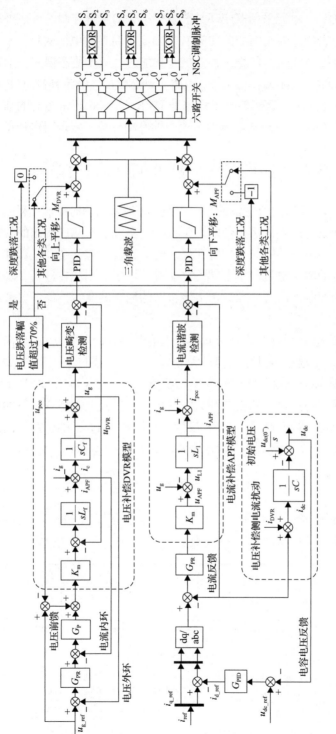

图 3-7　九开关型UPQC的模型及控制

下标 "ref" 表示参考值

电压补偿 DVR 单元采用双闭环与前馈相结合的复合控制。电压外环采用在谐振频率处有理想增益的比例谐振(PR)控制器实现对多种电网对称、不对称故障的有效抑制,可提高 DVR 的稳定性和抗干扰能力,减小稳态误差。前馈控制的引入增强了系统的抗扰能力和稳定性,改善了动态性能。电流补偿 APF 单元采用电流反馈 PR 闭环控制。直流侧电压稳定是 DVR 和 APF 正常运行的前提,引入直流电压控制器 G_{PID} 调节补偿电流参考值中的有功分量,实现对电压的控制。

3.4　九开关变换器的动态调制策略

要想实现 NSC 两组交流端口的独立控制,必须采用分时控制,利用上下器件开关状态的"异或"产生共用器件的开关状态,实现上下端口输出的解耦控制,且必须满足两个约束条件:同一桥臂在任一时刻有且只有两个开关器件导通;任一时刻上端桥臂的输出电压高于下端桥臂的输出电压。因此在进行 NSC 的调制时,上端桥臂的调制波曲线必须高于下端桥臂的调制波曲线,保证二者不能相互交叉。

设 NSC 上通道调制参考信号为 u_{DVR},上通道调制信号为 u_{mDVR},向上直流偏置分量为 M_{DVR},下通道调制参考信号为 u_{APF},下通道调制信号为 u_{mAPF},向下直流偏置分量为 M_{APF},三角载波信号为 u_c,幅值为 1,设 $S_i(i=1,4,7)$ 为 1 时表示对应开关器件导通。通过比较调制波和载波的大小,得到上端桥臂和下端桥臂的器件导通逻辑(上端桥臂调制信号大于载波信号时逻辑为 1,下端桥臂调制信号小于载波信号时逻辑为 1)。开关器件导通满足以下规律:

$$S_{i+1} = S_i \oplus S_{i+2} \tag{3-6}$$

为了观察方便,给出了如图 3-8 所示的九开关变换器 A 相开关器件驱动信号。通过比对发现其逻辑关系与式(3-6)一致。

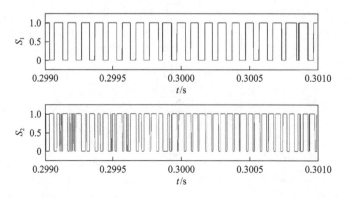

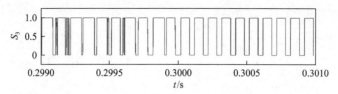

图 3-8　九开关变换器的 A 相开关器件驱动信号

在九开关型 UPQC 实现风电系统改善电能质量、提升故障穿越能力的场合，其驱动信号调制过程中，上下通道的调制信号实时变化。为避免下通道调制参考信号大于上通道调制参考信号造成约束失效，在偏置的基础上，对参考信号进行限幅，也即限制上下通道的最大调制比。令上通道调制比限幅为 m_{DVR}，下通道调制比限幅为 m_{APF}，为充分利用直流侧电压且避免过调制造成失真，二者应满足

$$m_{DVR} + m_{APF} \leqslant 1 \tag{3-7}$$

调制信号满足

$$\begin{cases} u_{mDVR} = u_{DVR} + M_{DVR} \\ u_{mAPF} = u_{APF} + M_{APF} \end{cases} \tag{3-8}$$

直流偏置分量满足

$$\begin{cases} M_{DVR} = 1 - m_{DVR} \\ M_{APF} = -\left(1 - m_{APF}\right) = -m_{DVR} \end{cases} \tag{3-9}$$

九开关拓扑结构制约下的调制方式导致电压利用率较低、直流侧电压较高。本书通过调制比限幅的分时配置，在一定程度上弥补了 NSC 电压利用率低、直流侧电压偏高的缺陷，为降低设备成本提供了方案。

动态调制策略根据电压补偿侧对输出电压大小的需求调整 m_{DVR} 与 m_{APF} 的分配，本书的核心是通过 NSC 解决风电故障穿越与电能质量一体化问题，当检测到电压跌落幅值超过 70% 时，启动深度跌落模式，确保 DFIG 优先实现故障穿越，进入 m_{DVR} 为 1 即直流偏置分量 M_{DVR} 为 0 模式，此时 m_{APF} 为 0，即 M_{APF} 为 −1，在电压严重跌落期间 APF 短时退出运行。

九开关型 UPQC 按照动态调制比运行时 DVR 侧与 APF 侧调制波和载波波形如图 3-9 所示（此处采用了比实际仿真频率低的载波以利于观察长时间段的调制波及载波的波形）。

假设电网电压在 0.3s 时发生 30% 的轻度跌落故障，0.4s 时恢复正常，0.5s 时发生 80% 的深度跌落故障且持续 0.1s，此时进入 DVR 优先运行保证机组实现故障穿越，APF 退出运行模式。由图 3-9 可见，在正常运行和轻度跌落时，设 $m_{DVR}=0.5$，

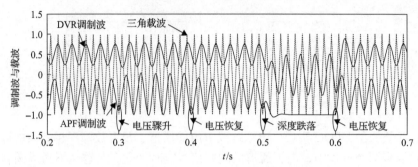

图 3-9　九开关型 UPQC 的调制波及载波波形

则依据式(3-9)，直流偏置量 M_{DVR} 为 0.5，直流偏置量 M_{APF} 为-0.5；当电网电压出现深度跌落故障时，优先实现 LVRT 功能，即 DVR 功能，同时将直流卸荷电路投入运行，此时 m_{DVR} 动态跃变为 1，直流偏置量 M_{DVR} 为 0，直流偏置量 M_{APF} 为-1，此时系统只有 DVR 运行，APF 退出运行，当电压恢复时又转换为上一种运行模式。在不同工况下满足上端桥臂的调制波曲线高于下端桥臂的调制波曲线，二者没有交叉，从而辅助实现九开关型 UPQC 的正常运行。

3.5　三次谐波注入法调制原理与仿真分析

3.5.1　三次谐波注入法调制原理

NSC 采用常规 SPWM 方式造成电压利用率偏低，较高的电容电压限制了其发展。本节将三次谐波叠加在三相正弦调制信号上，将调制信号调制成马鞍波。由于三次谐波属于零序分量，且 NSC 中无中性线，零序分量没有闭合回路。加入三次谐波信号对调制信号不会产生影响，既不会引入复杂的控制算法，也能提升输出波形的质量。

通常，正弦调制信号 U_m 与三角载波信号 U_x 幅值之比定义为调制深度 m。常规 SPWM 方式中，输出电压的基波幅值随调制深度线性变化，且 $m \le 1$。当 $m=1$ 时，三相 PWM 变换器相电压幅值为 $u_{dc}/2$，线电压幅值为 $\sqrt{3}u_{dc}/2$；而 SVPWM 方式中，相电压幅值为 $u_{dc}/\sqrt{3}$，所以 SVPWM 比 SPWM 方法的电压利用率高 15.47%。与注入三次谐波类似的其他基于零序分量注入的 SPWM 方法有均值零序信号法、极值零序信号法及交替零序信号法等。这三种注入方法各有特点：均值零序信号法，是将三相调制波在任一时刻的最大值和最小值求和之后取平均值，可向调制信号中加入部分高次谐波分量，此方法最容易实现；极值零序信号法中，调制波在一个周期内的波峰或者波谷处有一段时间内保持不变，降低了开关损耗，但会出现正、负半波不对称的情况；交替零序信号法中，零序信号由三相调制波瞬时幅值最大相决定，叠加后调制波会出现断续的状态，但是正、负半波仍保持对称状态。

在三相调制信号中注入谐波分量，以上通道为例，其表达式为

$$\begin{cases} u_{AH} = U_{AH}\sin(\omega t) + aU_{AH}\sin(3\omega t) \\ u_{BH} = U_{BH}\sin(\omega t - 2/3\pi) + aU_{BH}\sin(3\omega t) \\ u_{CH} = U_{CH}\sin(\omega t + 2/3\pi) + aU_{CH}\sin(3\omega t) \end{cases} \tag{3-10}$$

式中，U_{xH}（x=A,B,C）为三相基波调制波的幅值；aU_{xH} 为三次谐波分量的幅值。三次谐波的频率是基波的 3 倍。

式 (3-10) 中的 A 相表达式可改写为

$$u_{AH} = U_{AH}\sin(\omega t)\left[(1+3a) - 4a\sin^2(\omega t)\right] \tag{3-11}$$

为了尽可能地获得调制信号的最大幅值，对 ωt 求导并整理可得

$$\sin^2(\omega t) = \frac{1+3a}{12a} \tag{3-12}$$

以 u_{AH} 取最大值为例，将式 (3-12) 代入式 (3-11) 中，可得

$$u_{AH} = \frac{2U_{AH}}{3}\sqrt{\frac{(1+3a)^3}{12a}} \tag{3-13}$$

对式 (3-13) 求导，可得 a=1/6 时，u_{AH} 取最大值。因此，当产生的三次谐波幅值为基波幅值的 1/6 时，调制度范围最大。

3.5.2　三次谐波注入法仿真分析

为验证九开关三次谐波注入的 SPWM 方式的有效性，在 MATLAB/Simulink 中建立 NSC 的调制方式仿真模型。模型由 NSC、600V 直流电源、两个负载 Z=(40+3j)Ω 组成，仿真模型如图 3-10 所示。采用异频调制，上通道调制波信号频率为 50Hz、下通道调制波信号频率为 10.3Hz，且保证加入直流偏移量后两路调制波不出现交叉，则调制信号可表示为

$$\begin{cases} u_{AH} = 0.5\sin(100\pi t) + 0.5 \\ u_{BH} = 0.5\sin(100\pi t - 2/3\pi) + 0.5 \\ u_{CH} = 0.5\sin(100\pi t + 2/3\pi) + 0.5 \end{cases} \tag{3-14}$$

$$\begin{cases} u_{\text{AL}} = 0.5\sin(20.6\pi t) - 0.5 \\ u_{\text{BL}} = 0.5\sin(20.6\pi t - 2/3\pi) - 0.5 \\ u_{\text{CL}} = 0.5\sin(20.6\pi t + 2/3\pi) - 0.5 \end{cases} \tag{3-15}$$

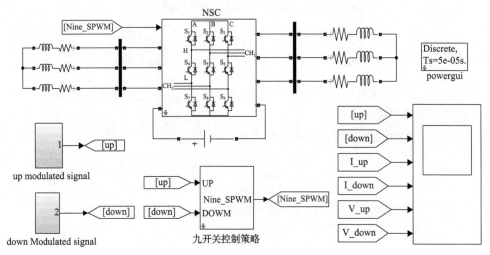

图 3-10　NSC 三次谐波注入调制方式模型

根据式(3-10)和式(3-11)，搭建实现三相调制波中注入三次谐波的方法，如图 3-11 所示。

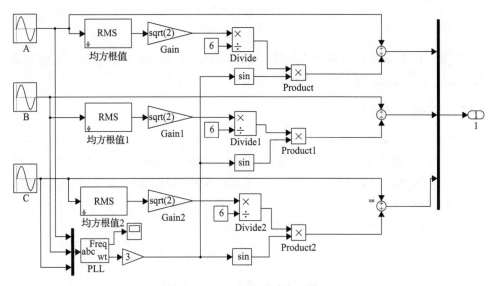

图 3-11　注入三次谐波方法模型

图 3-12 为 NSC 调制波仿真结果。图 3-12(a)展示了上、下通道中 A 相的基波信号与三次谐波叠加后,调制信号变成马鞍形。由图 3-12(b)可看出,两通道的三相马鞍形调制信号因加入直流偏移量而调制波无重叠部分。仿真结果验证了模型的正确性和九开关三次谐波注入的 SPWM 方式的可行性,能够实现上、下通道输入/输出信号的准确控制。

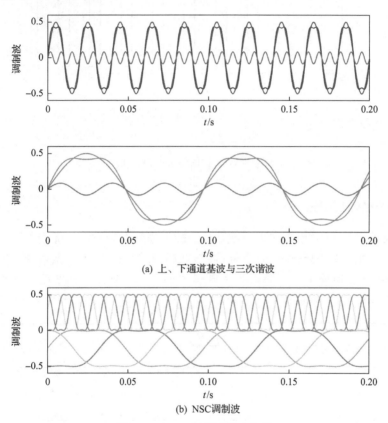

(a) 上、下通道基波与三次谐波

(b) NSC调制波

图 3-12　NSC 调制波仿真结果

为便于观察 NSC 桥臂上的开关逻辑关系,图 3-13 中展示了 1ms 内 A 相所在桥臂上的三个开关器件的驱动信号。对比 S_1、S_7 的驱动信号可知,S_4 的驱动信号为 S_1、S_7 通过"异或"关系得到。

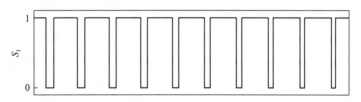

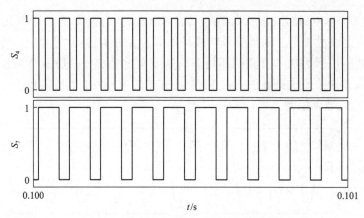

图 3-13 NSC A 相开关器件驱动信号

3.6 SVPWM 原理与仿真分析

3.6.1 SVPWM 原理

NSC 的上、下通道需实现不同功能，故考虑其调制时需保证上、下通道均能独立运行。由 3.1 节分析可知，NSC 在常规调制时共有 27 种开关状态，其中共有 15 种开关状态可使上、下通道完全解耦，如表 3-2 所示。本节采用基于两电平

表 3-2 NSC-SVPWM 开关矢量

开关状态	桥臂状态			等效传统矢量	工作模式
	一	二	三		
1	1	1	1	U_{70}	
2	0	0	0	U_{00}	零矢量
3	−1	−1	−1	U_{07}	
4	1	0	0	U_{40}	
5	1	1	0	U_{60}	
6	0	1	0	U_{20}	
7	0	1	1	U_{30}	上通道输出
8	0	0	1	U_{10}	
9	1	0	1	U_{50}	
10	−1	1	1	U_{74}	
11	−1	−1	1	U_{76}	
12	1	−1	1	U_{72}	
13	1	−1	−1	U_{73}	下通道输出
14	1	1	−1	U_{71}	
15	−1	1	−1	U_{75}	

理论的 SVPWM 方式, 通过传统的两电平 SVPWM 理论推导出 NSC 的 SVPWM 原理, 进而提高 NSC 的直流侧电压利用率。

以开关状态 1 为例, 此时 NSC 的上方及下方三个开关管均处于打开状态, 中间三个开关管处于关闭状态, 此时变换器上通道输出高电平, 等效于传统两电平 SVPWM 中的状态 7, 下通道输出低电平, 等效于传统两电平 SVPWM 中的状态 0, 故此开关状态等效于传统状态 7 与 0(表示为 U_{70}); 以开关状态 4 为例, 此时变换器下方三个开关管均处于打开状态, 上方和中间的 6 个开关管可等效为传统背靠背变换器, 上通道输出等效于传统两电平 SVPWM 的状态 4, 下通道输出等效于传统两电平 SVPWM 的状态 0(表示为 U_{40}); 从开关状态 10 来看, 此时变换器上方三个开关管均处于打开状态, 下方和中间的 6 个开关管可等效为传统背靠背变换器, 上通道输出等效于传统两电平 SVPWM 的状态 7, 下通道输出等效于传统两电平 SVPWM 的状态 4(表示为 U_{74})。

由上述分析可知, 九开关变换器的工作状态可分为三种模式: 零矢量模式, 共有 3 种开关状态, 分别为 1~3; 上通道输出模式, 共有 6 种开关状态, 分别为 4~9; 下通道输出模式, 共有 6 种开关状态, 分别为 10~15。

3.6.2　SVPWM 仿真分析

为验证九开关变换器 SVPWM 方式的有效性, 在 MATLAB/Simulink 中建立 NSC-SVPWM 仿真模型。模型由 2200V 直流电源、NSC 及其调制策略和两组相等的阻感性负载 $Z=(40+\mathrm{j}3)\,\Omega$ 构成, 其模型如图 3-10 所示。为保证模型不出现过调制状态, 采用式(3-16)和式(3-17)作为上、下通道的调制信号进行仿真验证。其仿真结果如图 3-14 所示。

$$\begin{cases} u_{\mathrm{A}} = 692\sin(100\pi t) \\ u_{\mathrm{B}} = 692\sin(100\pi t - 2/3\pi) \\ u_{\mathrm{C}} = 692\sin(100\pi t + 2/3\pi) \end{cases} \tag{3-16}$$

$$\begin{cases} u_{\mathrm{U}} = 577\sin(100\pi t) \\ u_{\mathrm{V}} = 577\sin(100\pi t - 2/3\pi) \\ u_{\mathrm{W}} = 577\sin(100\pi t + 2/3\pi) \end{cases} \tag{3-17}$$

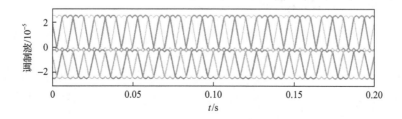

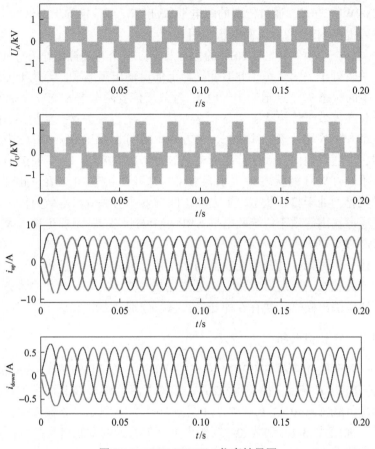

图 3-14　NSC-SVPWM 仿真结果图

从调制波形图可以看出，采用 SVPWM 后，调制波变为马鞍形，和理论相符。A 相和 U 相的相电压均为六拍阶梯状，更接近正弦波。上、下通道电流（i_{up} 和 i_{down}）均为三相正弦波形，频率为 50Hz，与调制波频率相同。根据仿真波形可以看出 NSC-SVPWM 可实现上、下通道的独立运行，并验证了调制策略的正确性。

本章对面向风电系统的九开关变换器电路拓扑、驱动逻辑、数学模型、控制策略、调制策略进行了简要介绍，对三次谐波注入法调制原理与仿真进行了较深入的分析，在此基础上对基于 SVPWM 的调制原理与仿真进行了简单分析，进一步验证了 NSC-SVPWM 策略的正确性。

第4章 网侧NSC提升DFIG运行与控制能力

九开关变换器具备优良的电能质量控制能力，可用于非理想电网条件下风电系统的运行与控制[56]，本章尝试将新型NSC拓扑用于双馈风电系统，用以取代传统的PWM变换器，并构建具有通用性、可扩展性和可移植性的集电磁暂态、机电暂态为一体的NSC-DFIG集成仿真模型，针对多种故障工况验证NSC可提升双馈风电系统故障穿越运行能力，并向电网馈入友好型清洁能源。

4.1 传统双馈风电系统稳态控制

图4-1为传统双馈风电系统稳态控制，即电网电压在理想条件下DFIG风电系统的运行控制。稳定的双馈风电系统控制方案为后续基于双馈风电系统网侧NSC实现故障穿越提供可靠保障。因此本节研究网侧变换器(grid side converter，GSC)与转子侧变换器(rotor side converter，RSC)的控制策略，并对双馈风电系统在稳态下控制策略的正确性进行相应的仿真验证。

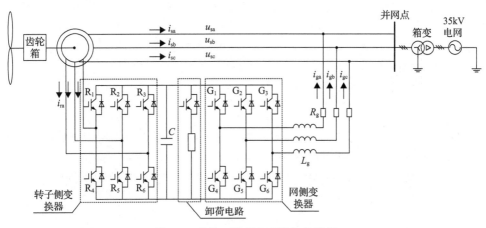

图4-1 传统双馈风电系统拓扑结构

4.1.1 网侧变换器矢量控制

网侧变换器控制需要精准的数学模型，GSC的作用是维持直流电压稳定以及获得良好的功率因数。GSC 系统电路图如图 4-2 所示。图中，$u_{gk}(k=\text{a,b,c})$ 为电网相电压；R_{gk} 为每相线路电阻；L_{gk} 为 GSC 进线电抗器电感；v_{gk} 分别为 GSC 交流侧相电压；i_{gk} 为电网输入相电流；U_{dc} 为直流侧电压。功率器件 $G_x(x=1,4)$ 在 A 相桥臂，同理，功率器件 $G_x(x=2,5)$、$G_x(x=3,6)$ 在 B、C 相桥臂。

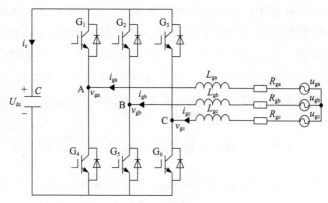

图 4-2　网侧变换器系统电路图

假设图 4-2 中开关管为理想器件，在三相静止坐标系下 GSC 的数学模型为

$$\begin{cases} u_{\text{ga}} - i_{\text{ga}}R_{\text{ga}} - L_{\text{ga}}\dfrac{\mathrm{d}i_{\text{ga}}}{\mathrm{d}t} - S_{\text{ga}}U_{\text{dc}} = u_{\text{gb}} - i_{\text{gb}}R_{\text{gb}} - L_{\text{gb}}\dfrac{\mathrm{d}i_{\text{gb}}}{\mathrm{d}t} - S_{\text{gb}}U_{\text{dc}} \\[3mm] u_{\text{gb}} - i_{\text{gb}}R_{\text{gb}} - L_{\text{gb}}\dfrac{\mathrm{d}i_{\text{gb}}}{\mathrm{d}t} - S_{\text{gb}}U_{\text{dc}} = u_{\text{gc}} - i_{\text{gc}}R_{\text{gc}} - L_{\text{gc}}\dfrac{\mathrm{d}i_{\text{gc}}}{\mathrm{d}t} - S_{\text{gc}}U_{\text{dc}} \\[3mm] C\dfrac{\mathrm{d}U_{\text{dc}}}{\mathrm{d}t} = S_{\text{ga}}i_{\text{ga}} + S_{\text{gb}}i_{\text{gb}} + S_{\text{gc}}i_{\text{gc}} \end{cases} \tag{4-1}$$

式中，S_{gk} 为 GSC 各相桥臂开关函数，定义功率器件 $G_x(x=1,2,3)$ 导通时 $S_{gk}=1$，功率器件 $G_x(x=4,5,6)$ 导通时 $S_{gk}=0$。

由于 GSC 采用无中线接线方式，根据基尔霍夫电流定律可知电网侧三相电流之和始终为零，公式如下：

$$i_{\text{ga}} + i_{\text{gb}} + i_{\text{gc}} = 0 \tag{4-2}$$

将式 (4-2) 代入式 (4-1) 可得

$$
\begin{cases}
L_{\text{ga}} \dfrac{di_{\text{ga}}}{dt} = u_{\text{ga}} - i_{\text{ga}} R_{\text{ga}} - \dfrac{u_{\text{ga}} + u_{\text{gb}} + u_{\text{gc}}}{3} - \left(S_{\text{ga}} - \dfrac{S_{\text{ga}} + S_{\text{gb}} + S_{\text{gc}}}{3} \right) U_{\text{dc}} \\[3mm]
L_{\text{gb}} \dfrac{di_{\text{gb}}}{dt} = u_{\text{gb}} - i_{\text{gb}} R_{\text{gb}} - \dfrac{u_{\text{ga}} + u_{\text{gb}} + u_{\text{gc}}}{3} - \left(S_{\text{gb}} - \dfrac{S_{\text{ga}} + S_{\text{gb}} + S_{\text{gc}}}{3} \right) U_{\text{dc}} \\[3mm]
L_{\text{gc}} \dfrac{di_{\text{gc}}}{dt} = u_{\text{gc}} - i_{\text{gc}} R_{\text{gc}} - \dfrac{u_{\text{ga}} + u_{\text{gb}} + u_{\text{gc}}}{3} - \left(S_{\text{gc}} - \dfrac{S_{\text{ga}} + S_{\text{gb}} + S_{\text{gc}}}{3} \right) U_{\text{dc}} \\[3mm]
C \dfrac{dU_{\text{dc}}}{dt} = S_{\text{ga}} i_{\text{ga}} + S_{\text{gb}} i_{\text{gb}} + S_{\text{gc}} i_{\text{gc}}
\end{cases}
\tag{4-3}
$$

GSC 交流侧线电压与各桥臂开关函数 S_{gk}、直流母线电压之间的关系如下：

$$
\begin{cases}
v_{\text{gab}} = \left(S_{\text{ga}} - S_{\text{gb}} \right) U_{\text{dc}} \\[2mm]
v_{\text{gbc}} = \left(S_{\text{gb}} - S_{\text{gc}} \right) U_{\text{dc}} \\[2mm]
v_{\text{gac}} = \left(S_{\text{ga}} - S_{\text{gc}} \right) U_{\text{dc}}
\end{cases}
\tag{4-4}
$$

由线电压与相电压之间的关系得到

$$
\begin{cases}
v_{\text{ga}} = \left(S_{\text{ga}} - \dfrac{S_{\text{ga}} + S_{\text{gb}} + S_{\text{gc}}}{3} \right) U_{\text{dc}} \\[3mm]
v_{\text{gb}} = \left(S_{\text{gb}} - \dfrac{S_{\text{ga}} + S_{\text{gb}} + S_{\text{gc}}}{3} \right) U_{\text{dc}} \\[3mm]
v_{\text{gc}} = \left(S_{\text{gc}} - \dfrac{S_{\text{ga}} + S_{\text{gb}} + S_{\text{gc}}}{3} \right) U_{\text{dc}}
\end{cases}
\tag{4-5}
$$

将式 (4-5) 代入式 (4-3) 可得

$$
\begin{cases}
L_{\text{ga}} \dfrac{di_{\text{ga}}}{dt} = u_{\text{ga}} - i_{\text{ga}} R_{\text{ga}} - \dfrac{u_{\text{ga}} + u_{\text{gb}} + u_{\text{gc}}}{3} - v_{\text{ga}} \\[3mm]
L_{\text{gb}} \dfrac{di_{\text{gb}}}{dt} = u_{\text{gb}} - i_{\text{gb}} R_{\text{gb}} - \dfrac{u_{\text{ga}} + u_{\text{gb}} + u_{\text{gc}}}{3} - v_{\text{gb}} \\[3mm]
L_{\text{gc}} \dfrac{di_{\text{gc}}}{dt} = u_{\text{gc}} - i_{\text{gc}} R_{\text{gc}} - \dfrac{u_{\text{ga}} + u_{\text{gb}} + u_{\text{gc}}}{3} - v_{\text{gc}} \\[3mm]
C \dfrac{dU_{\text{dc}}}{dt} = S_{\text{ga}} i_{\text{ga}} + S_{\text{gb}} i_{\text{gb}} + S_{\text{gc}} i_{\text{gc}}
\end{cases}
\tag{4-6}
$$

式 (4-6) 实质上是在三相静止坐标系下的数学模型，而 GSC 控制策略采用矢量控制技术，因此应对式(4-6)进行坐标变换，在幅值守恒原则条件下推导坐标变换关系至关重要，式(4-7)为三相静止 abc 坐标系转换到两相静止 αβ 坐标系的变换矩阵。

$$C_{3s/2s} = \frac{2}{3}\begin{bmatrix} 1 & -\dfrac{1}{2} & -\dfrac{1}{2} \\ 0 & \dfrac{\sqrt{3}}{2} & -\dfrac{\sqrt{3}}{2} \end{bmatrix} \tag{4-7}$$

两相静止 αβ 坐标系变换到三相静止 abc 坐标系的变换矩阵是式(4-7)的逆矩阵：

$$C_{2s/3s} = C_{3s/2s}^{-1} = \begin{bmatrix} 1 & 0 \\ -\dfrac{1}{2} & \dfrac{\sqrt{3}}{2} \\ -\dfrac{1}{2} & -\dfrac{\sqrt{3}}{2} \end{bmatrix} \tag{4-8}$$

两相静止 αβ 坐标系到两相同步旋转 d-q 坐标系的变换矩阵为 $C_{2s/2r}$，两相同步旋转 d-q 坐标系到两相静止 αβ 坐标系的变换矩阵为 $C_{2r/2s}$：

$$C_{2s/2r} = \begin{bmatrix} \cos\theta & \sin\theta \\ -\sin\theta & \cos\theta \end{bmatrix} \tag{4-9}$$

$$C_{2r/2s} = C_{2s/2r}^{-1} = \begin{bmatrix} \cos\theta & -\sin\theta \\ \sin\theta & \cos\theta \end{bmatrix} \tag{4-10}$$

式中，θ 为 d 轴与 α 轴之间的夹角，$\theta = \omega t + \theta_0$，$\theta_0$ 为 d 轴与 α 轴之间的初始相位角，ω 为同步电角速度。

在式(4-7)～式(4-10)之间进行矩阵运算可得三相静止 abc 坐标系到两相同步旋转 d-q 坐标系之间的变换矩阵与两相同步旋转 d-q 坐标系到三相静止 abc 坐标系之间的变换矩阵：

$$C_{3s/2r} = C_{2s/2r}C_{3s/2s} = \frac{2}{3}\begin{bmatrix} \cos\theta & \cos(\theta-120°) & \cos(\theta+120°) \\ -\sin\theta & -\sin(\theta-120°) & -\sin(\theta+120°) \end{bmatrix} \tag{4-11}$$

$$C_{2r/3s} = C_{2s/3r}C_{2r/2s} = \begin{bmatrix} \cos\theta & -\sin\theta \\ \cos(\theta-120°) & -\sin(\theta-120°) \\ \cos(\theta+120°) & -\sin(\theta+120°) \end{bmatrix} \tag{4-12}$$

GSC 主电路中，进线电抗器电感、每相线路电阻相等，即 $L_{ga}=L_{gb}=L_{gc}=L_g$、$R_{ga}=R_{gb}=R_{gc}=R_g$。在理想电压工况下，采用基于 d 轴电网电压定向矢量控制技术，即将电网电压合成矢量定于 d 轴上，有 $u_{gd}=U_g$，$u_{gq}=0$，利用式（4-11）将式（4-6）变换到两相同步旋转 d-q 坐标系下：

$$\begin{cases} v_{gd} = -R_g i_{gd} - L_g \dfrac{di_{gd}}{dt} + \omega_1 L_g i_{gq} + U_g \\[2mm] v_{gq} = -R_g i_{gq} - L_g \dfrac{di_{gq}}{dt} - \omega_1 L_g i_{gd} \\[2mm] C\dfrac{dU_{dc}}{dt} = \dfrac{3}{2}\left(S_d i_{gd} + S_q i_{gq}\right) \end{cases} \tag{4-13}$$

式中，v_{gd}、v_{gq} 分别为 GSC 交流侧电压矢量在两相同步旋转 d-q 轴的电压分量；i_{gd}、i_{gq} 分别为电网输入相电流矢量在两相同步旋转 d-q 轴的电流分量；S_d、S_q 为各桥臂开关函数在两相同步旋转 d-q 轴的分量。

为更直观地理解式（4-13），将其转化为图 4-3 进行分析。其中 d/dt 用微分算子 s 表示。由图可知，GSC 交流侧电流在两相同步旋转 d-q 轴的分量之间存在耦合现象。由于要实现 GSC 交流侧 d-q 轴电流的解耦控制，为此分别设计电流内环控制器与直流电压控制器。

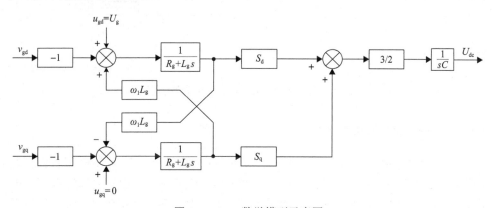

图 4-3　GSC 数学模型示意图

电流内环控制器设计为

$$\begin{cases} v'_{gd} = L_g \dfrac{di_{gd}}{dt} = L_g \dfrac{di^*_{gd}}{dt} + k_{igp}\left(i^*_{gd} - i_{gd}\right) + k_{igi}\int\left(i^*_{gd} - i_{gd}\right)dt \\[3mm] v'_{gq} = L_g \dfrac{di_{gq}}{dt} = L_g \dfrac{di^*_{gq}}{dt} + k_{igp}\left(i^*_{gq} - i_{gq}\right) + k_{igi}\int\left(i^*_{gq} - i_{gq}\right)dt \end{cases} \tag{4-14}$$

式中，i_{gd}^*、i_{gq}^*为GSC交流侧电流d-q轴分量的参考值；k_{igp}、k_{igi}分别为电流内环控制器比例系数、积分系数。

直流电压控制器设计为

$$i_{dc} = C\frac{\mathrm{d}U_{dc}}{\mathrm{d}t} \tag{4-15}$$

同时，引入电流状态反馈量与电网电压前馈补偿量，得到d-q轴电流解耦控制框图，如图4-4所示。

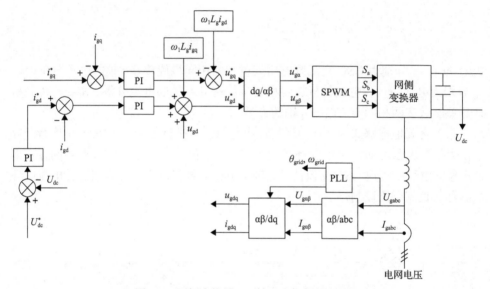

图4-4　网侧变换器d-q轴电流解耦控制框图

4.1.2　转子侧变换器矢量控制

转子侧变换器与DFIG直接相连，如图4-5所示，致使RSC的控制直接影响DFIG风电系统的稳定性。寻找一种能够使DFIG风电系统实现最大风能追踪与电网良好运行的RSC控制策略至关重要，RSC的控制是对转子电流d-q轴分量的有效控制，从而实现了对DFIG有功功率和无功功率的控制。由于RSC控制策略要以精确的数学模型为重要基础且DFIG是被控对象，因此精确的双馈电机的数学模型是关键。在三相静止坐标系中，高阶、非线性、强耦合是双馈电机数学模型的显著特点，若要避免DFIG复杂的数学模型，最常见的方法是进行坐标变换，将DFIG的数学模型变换到d-q坐标系中，得到DFIG在d-q轴上的电压方程、磁链方程、转矩方程，为进行定子电压定向矢量控制提供前提条件，得到变换后的DFIG数学模型。

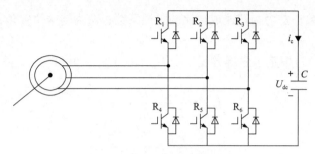

图 4-5　转子侧变换器系统

电压方程:

$$\begin{cases} u_{sd} = R_s i_{sd} + p\psi_{sd} - \omega\psi_{sq} \\ u_{sq} = R_s i_{sq} + p\psi_{sq} + \omega\psi_{sd} \\ u_{rd} = R_r i_{rd} + p\psi_{rd} - (\omega - \omega_r)\psi_{rq} \\ u_{rq} = R_r i_{rq} + p\psi_{rq} + (\omega - \omega_r)\psi_{rd} \end{cases} \tag{4-16}$$

磁链方程:

$$\begin{cases} \psi_{sd} = L_s i_{sd} + L_m i_{rd} \\ \psi_{sq} = L_s i_{sq} + L_m i_{rq} \\ \psi_{rd} = L_m i_{sd} + L_r i_{rd} \\ \psi_{rq} = L_m i_{sq} + L_r i_{rq} \end{cases} \tag{4-17}$$

转矩方程:

$$T_e = n_p L_m \left(i_{sq} i_{rd} - i_{sd} i_{rq} \right) \tag{4-18}$$

运动方程:

$$T_e - T_L = \frac{J}{n_p} \frac{d\omega_r}{dt} + \frac{D}{n_p}\omega_r + \frac{K}{n_p}\theta_r \tag{4-19}$$

式(4-16)～式(4-19)中，R_s 为定子电阻; R_r 为转子电阻; u_{sd}、u_{sq}、u_{rd}、u_{rq} 分别为定、转子电压矢量在同步旋转 d-q 坐标系下的分量; ψ_{sd}、ψ_{sq}、ψ_{rd}、ψ_{rq} 分别为定、转子磁链矢量在同步旋转 d-q 坐标系下的分量; i_{sd}、i_{sq}、i_{rd}、i_{rq} 分别为定、转子电流矢量在同步旋转 d-q 坐标系下的分量; L_m 为定、转子之间的互感; L_s、L_r 分别为同步旋转 d-q 坐标系中定、转子等效绕组自感; T_e 为发电机电磁转矩; T_L 为风力机输出的机械转矩; J 为转动惯量; n_p 为 DFIG 的极对数; K 为扭转弹簧转矩系数；D 为与转速成正比的阻尼系数；θ_r 为转子位置角；ω_r 为转子旋转角速度。

根据式(4-17)中定子磁链方程，令 $I_{ms}=i_{msd}+ji_{msq}$，可得

$$\begin{cases} i_{msd} = \dfrac{\psi_{sd}}{L_m} = \dfrac{L_s}{L_m} i_{sd} + i_{rd} \\[3mm] i_{msq} = \dfrac{\psi_{sq}}{L_m} = \dfrac{L_s}{L_m} i_{sq} + i_{rq} \end{cases} \tag{4-20}$$

由式(4-20)可得式(4-21)、式(4-22)：

$$\begin{cases} i_{sd} = \dfrac{L_m}{L_s} \left(i_{msd} - i_{rd} \right) \\[3mm] i_{sq} = \dfrac{L_m}{L_s} \left(i_{msq} - i_{rq} \right) \end{cases} \tag{4-21}$$

$$\begin{cases} \psi_{rd} = \dfrac{L_m^2}{L_s} i_{msd} + \sigma L_r i_{rd} \\[3mm] \psi_{rq} = \dfrac{L_m^2}{L_s} i_{msq} + \sigma L_r i_{rq} \end{cases} \tag{4-22}$$

式中，$\sigma = 1 - \dfrac{L_m^2}{L_r L_s}$ 为发电机漏磁系数。

将式(4-17)、式(4-21)、式(4-22)代入式(4-16)，可得

$$\begin{cases} u_{rd} = R_r i_{rd} + \sigma L_r \dfrac{di_{rd}}{dt} + \dfrac{L_m^2}{L_s} \dfrac{di_{msd}}{dt} - \left(\omega - \omega_r \right) \psi_{rq} \\[3mm] u_{rq} = R_r i_{rq} + \sigma L_r \dfrac{di_{rq}}{dt} + \dfrac{L_m^2}{L_s} \dfrac{di_{msq}}{dt} + \left(\omega - \omega_r \right) \psi_{rd} \end{cases} \tag{4-23}$$

本书在理想电网条件下推导数学模型，因此电网电压即定子电压的幅值、频率和相位可认为是不变的，电网电压矢量的 d-q 轴分量是恒定的直流，且定子磁链矢量恒定，则 $dI_{ms}/dt \approx 0$。式(4-23)转化为

$$\begin{cases} u_{rd} = R_r i_{rd} + \sigma L_r \dfrac{di_{rd}}{dt} - \left(\omega - \omega_r \right) \psi_{rq} \\[3mm] u_{rq} = R_r i_{rq} + \sigma L_r \dfrac{di_{rq}}{dt} + \left(\omega - \omega_r \right) \psi_{rd} \end{cases} \tag{4-24}$$

从式(4-24)可以看出转子电压、电流之间的关系，效仿网侧变换器的控制策略，将 $R_r I_r + \sigma L_r \dfrac{dI_r}{dt}$ 设计为电流内环控制器，$(\omega - \omega_r)\psi_r$ 用来消除交叉耦合。

DFIG 矢量控制方法有很多,但在变速恒频风力发电系统中最常见的是定子磁链定向与定子电压定向矢量控制，基于 d 轴定子电压定向矢量控制是本书所采取的方案。由式(4-16)可知，在忽略 R_s 且 $u_{sd} = U_s$ 的情况下，有如下关系式：

$$\begin{cases} u_{sd} = U_s \approx -\omega \psi_{sq} \\ u_{sq} = 0 \approx \omega \psi_{sd} \\ \psi_{sd} \approx 0 \\ \psi_{sq} \approx -\dfrac{U_s}{\omega} \end{cases} \tag{4-25}$$

由式(4-21)和式(4-25)推导出 i_{sd}、i_{sq} 的表达式：

$$\begin{cases} i_{sd} = -\dfrac{L_m}{L_s} i_{rd} \\ i_{sq} = -\dfrac{L_m}{L_s} i_{rq} - \dfrac{U_s}{\omega L_s} \end{cases} \tag{4-26}$$

根据式(4-20)、式(4-22)、式(4-26)可得

$$\begin{cases} \psi_{rd} = \sigma L_r i_{rd} \\ \psi_{rq} = -\dfrac{L_m}{\omega L_s} + \sigma L_r i_{rq} \end{cases} \tag{4-27}$$

将式(4-27)代入式(4-24)，得

$$\begin{cases} u_{rd} = R_r i_{rd} + \sigma L_r \dfrac{di_{rd}}{dt} - \omega_{slip}\left(-\dfrac{L_m}{\omega_1 L_s} + \sigma L_r i_{rq} \right) \\ u_{rq} = R_r i_{rq} + \sigma L_r \dfrac{di_{rq}}{dt} + \omega_{slip} \sigma L_r i_{rd} \end{cases} \tag{4-28}$$

式中，ω_{slip} 为转差角频率。

由式(4-28)可以看出，RSC 采用转子电流单闭环控制，为使变速恒频风力发电系统实现最大风能追踪，在电流内环控制策略上加入功率外环控制，因此功率外环参考值的确定是实现最大风能追踪的关键。DFIG 定子输出有功功率参考值为

$$P_s^* = \frac{P_e^*}{1-s} + P_{cus} \tag{4-29}$$

式中，P_e^* 为电磁功率参考值；P_{cus} 为铜损。

根据定子电压定向矢量控制，DFIG 定子发出的有功功率实际值为

$$P_s = -\frac{3}{2}U_s i_{sd} \tag{4-30}$$

DFIG 定子发出的无功功率实际值为

$$Q_s = \frac{3}{2}U_s i_{sq} \tag{4-31}$$

根据式(4-28)～式(4-31)可以得到电流内环、功率外环控制策略，可实现转子侧电流矢量在 d-q 轴分量的解耦控制与最大风能追踪控制，控制框图如图 4-6 所示。

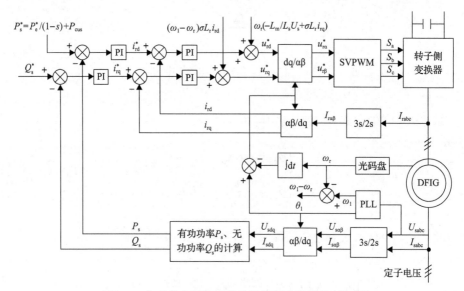

图 4-6　实现最大风能追踪的转子侧变换器控制框图

4.2　网侧九开关变换器控制目标与方案

本节主要针对网侧 NSC 电压补偿侧进行分析，并对其电路进行数学建模，进而得出电压补偿单元的控制方案。若对系统直接列写方程，方程的维度高，求解困难。为简化分析，由等效 GSC 的分析方法得到 NSC 等效 DVR，即 NSC 下通

道中开关管 G_7、G_8、G_9 恒导通，等效 DVR 相当于三相全桥电压源型逆变器。又知系统采用三相三线制接线，中性点不发生偏移，各相之间相互独立。因此以 A 相为例对系统进行分析，计算量相应减少。

4.2.1　网侧九开关变换器电压补偿侧控制策略

将网侧 NSC 简化为等效 DVR 后，网侧 NSC 电压补偿侧简化电路图如图 4-7 所示。

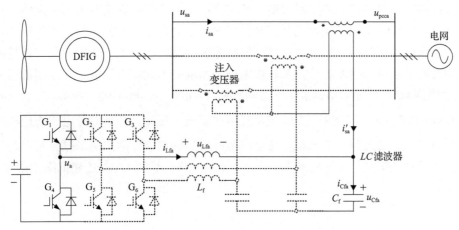

图 4-7　网侧 NSC 电压补偿侧简化电路图

按照图 4-7 中标注，以 A 相为例进行分析。注入变压器变比的取值 $n=1$；u_{sa}、i_{sa} 为定子侧 A 相电压与电流；u_{Lfa}、i_{Lfa} 为 A 相滤波电感上的电压与电流；u_{Cfa}、i_{Cfa} 为 A 相滤波电容上的电压与电流；u_a 为三相桥式 DVR 交流侧 A 相输出基波电压；u_{pcca} 为 A 相并网点电压；i'_{sa} 为 A 相注入变压器副边电流且有 $i_{sa}=i'_{sa}$。在滤波电抗电流初始值为零，滤波电容电压初始值为零的情况下，三相桥式 DVR 双馈风电机组运算电路如图 4-8 所示。根据基尔霍夫电压定律列写电路方程，得三相桥式 DVR 数学模型。

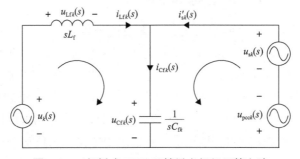

图 4-8　三相桥式 DVR 双馈风电机组运算电路

$$\begin{cases} u_k - nu_{\text{C}fk}(s) = sL_f i_{\text{L}fk}(s) \\ nu_{\text{C}fk}(s) = u_{sk}(s) - u_{\text{pcc}k}(s), \quad k = \text{a,b,c} \\ nu_{\text{C}fk}(s) = i_{\text{C}fk}(s)/(sC_{fk}) \end{cases} \tag{4-32}$$

根据式(4-32)可推出网侧 NSC 电压补偿单元模型。然而 DVR 控制策略的选取决定了风电系统电能质量的优劣,将网侧 NSC 等效成三相桥式 DVR,其控制策略可通过传统的 DVR 进行分析。传统 DVR 的控制有前馈控制、负反馈控制及复合控制。前馈控制虽然控制简单、补偿迅速,但 DVR 逆变器输出交流信号时需通过 LC 滤波电路,交流信号在相位与幅值上会产生一定的偏差,使得补偿后的电压未能达到补偿前的电压,从而影响系统的稳定性。负反馈控制具有良好的跟随性能,且可抑制滤波参数对补偿电压的影响。因此本书采取复合控制策略。通过解耦双同步坐标系锁相环(decoupled double synchronous reference frame-phase-locked loop,DDSRF-PLL)技术提取出基波电压 u_{sabc}^* 作为参考电压构成电压外环负反馈,通过基波电压 u_{sabc}^* 与电网实际电压的差值作为比例谐振控制器的输出前馈控制,提高了系统的动态稳定性。网侧 NSC 等效 DVR 控制框图如图 4-9 所示。

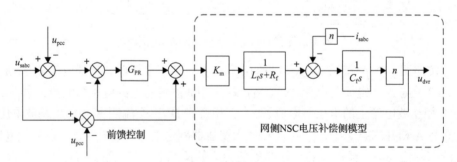

图 4-9　网侧 NSC 等效 DVR 控制框图

4.2.2　网侧九开关变换器并网侧控制策略

网侧 NSC 并网单元即等效 GSC 可控制直流母线电压稳定并为等效 DVR 电路吸收/释放能量提供通路。在上述内容中已对理想电网条件下的等效 GSC 进行了详细的数学建模与控制策略分析。若要实现等效 GSC 的稳定控制,需要使电网电压稳定不变。网侧 NSC 电压补偿单元可以实现对故障电网电压的补偿,维持电网电压恒定不变。因此,网侧 NSC 等效 GSC 可以按理想电网条件进行控制,由于定子电压等于电网电压,因此采用定子电压定向矢量控制技术。

4.2.3　网侧九开关变换器控制策略

由上述 DVR 与 GSC 控制策略得到网侧 NSC 交流侧电压 u_{gk}、$u_{\mathrm{DVR}k}$，得到两组交流参考信号：

$$\begin{cases} u_{gk}(t) = M_1 \sin\left(\omega t - \phi_{1k}\right) \\ u_{\mathrm{DVR}k}(t) = M_2 \sin\left(\omega t - \phi_{2k}\right) \end{cases}, \quad k = \mathrm{a, b, c} \tag{4-33}$$

式中，M_1、M_2 为调制波幅值；ϕ_{1k}、ϕ_{2k} 为初始相位。

加入直流偏置：

$$\begin{cases} N_1 = 1 - M_1 \\ N_2 = M_2 - 1 \end{cases} \tag{4-34}$$

可得

$$\begin{cases} u_{gk}(t) = M_1 \sin\left(\omega t - \phi_{1k}\right) + N_1 \\ u_{\mathrm{DVR}k}(t) = M_2 \sin\left(\omega t - \phi_{2k}\right) + N_2 \end{cases} \tag{4-35}$$

根据上述 GSC 与 DVR 控制策略的分析推导得到网侧 NSC 的控制策略，如图 4-10 所示。

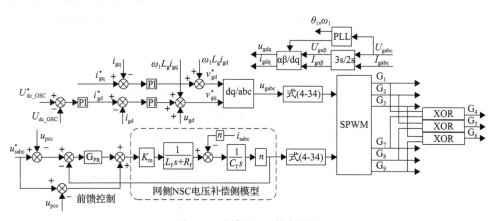

图 4-10　网侧 NSC 控制框图

4.2.4　网侧九开关变换器直流母线电压的分配

网侧 NSC 直流侧电压与等效 GSC 和 DVR 所需直流侧电压直接相关。等效 GSC 所需直流侧电压可通过第 3 章稳态下的数学模型推导获得。DVR 所需要的直流侧电压取决于逆变器交流侧基波电压。DVR 相当于全桥式电压源型逆变器（voltage source inverter，VSI），建立直流侧电压与逆变器输出基波电压之间的关系是解决问题的关键所在。

NSC 直流侧电压的分配与参考信号调制深度相关。通过上述等效 GSC 在稳态下的数学模型，在忽略电阻 R_g、工作在单位功率因数时，等效直流侧电压为

$$U_{\text{dc\_GSC}} = \frac{\sqrt{\left(U_s + \omega_1 L_g i_{gq}\right)^2 + \left(\omega_1 L_g i_{gd}\right)^2}}{\sqrt{S_d^2 + S_q^2}} \tag{4-36}$$

式中，S_d、S_q 分别为开关函数的 d-q 分量。

根据空间矢量调制原理，如果不考虑过调制，按幅值守恒原则有

$$\sqrt{S_d^2 + S_q^2} \leqslant \frac{1}{\sqrt{3}} \tag{4-37}$$

于是得到

$$U_{\text{dc\_GSC}} \geqslant \sqrt{3}\sqrt{\left(U_s + \omega_1 L_g i_{gq}\right)^2 + \left(\omega_1 L_g i_{gd}\right)^2} \tag{4-38}$$

由式(4-38)可知，负载越重所需直流侧电压越大，当空载时直流侧最小电压是电网线电压幅值的 $\sqrt{3}$ 倍，留有一定裕量，则直流母线电压最小值取 1200V。

等效三相 DVR 采用双极性 SPWM 方法，由于载波频率 f_c 远远高于逆变器输出基波频率 f_1，可通过平均值模型法建立输出电压与直流电压的函数关系。以 A 相为例进行分析，设立假想中点 O'，如图 4-11(a)所示。

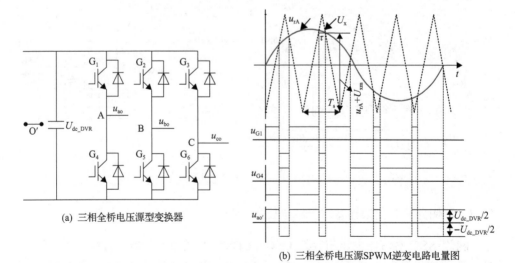

(a) 三相全桥电压源型变换器

(b) 三相全桥电压源SPWM逆变电路电量图

图 4-11　三相全桥 VSI 及逆变电路电量图

A 对 O' 的电压 $u_{ao'}$ 可表示为

$$u_{ao'} = \begin{cases} \dfrac{U_{dc\_DVR}}{2}, & 0 < t \leqslant \tau(t) \\[3mm] -\dfrac{U_{dc\_DVR}}{2}, & \tau(t) < t \leqslant T_s \end{cases} \tag{4-39}$$

式中，$\tau(t)$ 为 A 相上桥臂器件 G_1 导通时间；T_s 为开关周期。

在一个载波周期中输出电压 $u_{ao'}$ 的平均值可看成逆变器输出电压基波分量瞬时值 $u_{ao'1}$，即

$$\overline{u_{ao'}} \approx u_{ao'1}\big|_{f_c \gg f_1} \tag{4-40}$$

由图 4-11（b）知

$$\overline{u_{ao'}} = \frac{1}{T_s}\int_0^{T_c} u_{ao'}\,\mathrm{d}t = [2D(t)-1]\frac{U_{dc\_DVR}}{2} \tag{4-41}$$

$$D(t) = \frac{\tau(t)}{T_s} \tag{4-42}$$

式中，T_c 为九开关变换器下通道（DVR 接入通道）在一个开关周期中导通的时间。

利用几何关系得到

$$\begin{aligned} D(t) &= \frac{\tau(t)}{T_s} = \frac{u_{rA}(t)+U_{xm}}{2U_{xm}} \\[2mm] &= \frac{1}{2}\left[\frac{u_{rA}(t)}{U_{xm}}+1\right]_{u_{rA}(t)<U_{xm}} \end{aligned} \tag{4-43}$$

式中，u_{rA} 为 A 相调制参考信号；U_{xm} 为载波幅值。

将式（4-43）代入式（4-41）得

$$\overline{u_{ao'}} = \frac{U_{dc\_DVR}}{U_{xm}}u_{rA}(t) = \frac{U_{rAm}}{U_{xm}}U_{dc\_DVR}\sin(\omega t) = \frac{1}{2}MU_{dc\_DVR}\sin(\omega t) \tag{4-44}$$

$$U_{ao'1m} \approx \frac{1}{2}MU_{dc\_DVR} \tag{4-45}$$

式中，$M = \dfrac{U_{rAm}}{U_{xm}}$ 为调制比，U_{rAm} 为 A 相调制波幅值；$U_{ao'1m}$ 为逆变器输出电压基波分量幅值。

电源假想中点 O′ 与负荷中点 O 之间存在方波电压，但不含工频分量[42]，因此有

$$U_{ao1m} = U_{ao'1m} \approx \frac{1}{2}MU_{dc\_DVR} \tag{4-46}$$

式中，U_{ao1m} 为 A 相电压基波幅值。

根据三相正弦交流电路，线电压是相电压有效值的 $\sqrt{3}$ 倍，于是得到

$$U_{AB1} = \frac{\sqrt{6}}{4} M U_{dc\_DVR} = 0.612 M U_{dc\_DVR} \tag{4-47}$$

式中，U_{AB1} 为 DVR 输出线电压基波有效值；U_{dc_DVR} 为等效 DVR 直流侧电压。

网侧 NSC 等效 DVR 运行直流侧电压的选择是满足补偿条件的关键指标，当逆变器输出基波电压与所要补偿的电压相同时，直流侧电压便可满足无差补偿要求。若要满足全电压故障条件 LVRT 运行，只要能满足零电压穿越所需直流母线电压就能满足其他全部条件，而计算 PCC 处发生 100%标称电压的对称跌落所需直流侧电压即可。

由于九开关调制方式的特殊性，在实际应用中 M_1 与 M_2 的和不能超过 1。为实现 GSC 的功率控制，其直流电压通常需要为 1200V，当电网跌落 100%时，由式(4-47)计算得所需直流母线电压为 1127V，为满足条件并取整为 1200V。当 M_1 与 M_2 的和等于 1 时，NSC 所需直流母线电压最小，得到 NSC 的直流母线电压的计算值为 2400V。

4.2.5　网侧九开关变换器调制方式的选取

上述 NSC 直流母线电压为 2400V,等效网侧变换器 SPWM 调制比为 M_1=0.5，等效 DVR 调制比 M_2=0.5，调制方法如图 4-12 所示。

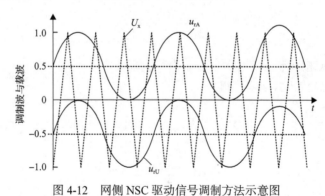

图 4-12　网侧 NSC 驱动信号调制方法示意图

4.3　DFIG 风电系统正常/故障运行特性仿真分析

为深入研究网侧 NSC 对系统的补偿效果，应对搭建的变速恒频风电机组在 12m/s 的恒定风速工况下进行不同类型故障模拟，观察 DFIG 电气量的变化。由图 4-13 可知，电网在 0.5～0.9s 发生 30%不对称跌落，电网电压 U_g 中出现负序分

量。负序分量的存在使转子电流 I_r、定子电流 I_s 出现二倍频，电磁转矩 T_e 产生脉动，并造成 DFIG 定、转子绕组发热，温度过高将烧毁电机。根据系统能量守恒，定、转子电流升高，从而影响变频器的寿命。若发生 80%严重不对称跌落，负序分量将加大，使得定、转子电流及电磁转矩波动加剧，定、转子电流幅值剧增，致使变频器烧毁。电网发生对称故障对 DFIG 相关参数的影响如图 4-14 所示，在 0.5~0.9s 内模拟电网电压对称跌落 30%，故障期间电网电压 U_g 中只有正序分量，而负序分量为零，定子电流 I_s、转子电流 I_r 幅值增大，电磁转矩 T_e 产生振荡并无倍频分量。此外定、转子电流及电磁转矩在跌落起止时刻振荡较为突出。同理，电压对称跌落 80%时，定、转子电流幅值剧增，电磁转矩振荡剧烈，对系统的影响也随之加剧。

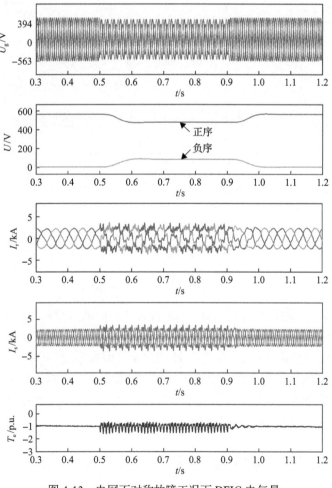

图 4-13　电网不对称故障工况下 DFIG 电气量

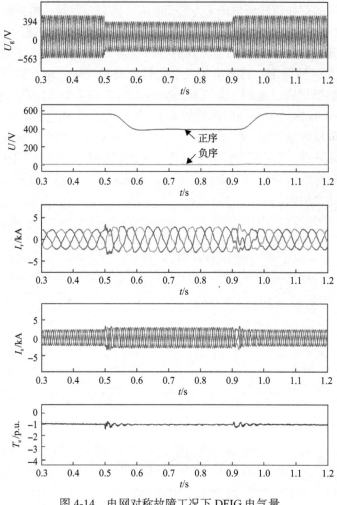

图 4-14　电网对称故障工况下 DFIG 电气量

当电网发生高电压故障时，DFIG 运行特性与低电压故障时的运行特性相反。

在电网电压发生故障时，定、转子电流及电磁转矩出现二倍频及幅值变化造成双馈电机及变频器的不可逆毁坏，使整个系统面临崩溃的危险。因此，验证网侧 NSC 在电网电压故障期间对电网电压短时畸变补偿、维持 DFIG 机端电压稳定及解除故障使 DFIG 风电系统恢复常态的能力至关重要。本书将通过仿真验证网侧 NSC 对实现故障穿越的有效性。

4.4　多种故障工况下故障穿越仿真分析

为验证网侧 NSC 对实现故障穿越的有效性，在 MATLAB/Simulink 平台下，搭建一个将用在 2MW 双馈风电系统的网侧 NSC 仿真模型,如图 4-15 所示,设计了系统运行在超同步速额定工况下的多种 PCC 电网电压短路故障工况,并对补偿效果进行分析。

4.4.1　电压对称、不对称跌落 30%工况下低电压穿越仿真结果

为验证将 NSC 用于双馈风电系统以改善电能质量问题,设计电网电压(即并网点电压)通过丫/△变压器变到 35kV 侧,在 0.4~0.6s 模拟三相电压对称跌落 30%,0.8~1.0s 模拟 AB 相间电压不对称故障跌落至额定工况的 70%。由图 4-16 可知,定子电压 U_s、定子电流 I_s 经过补偿后恢复到额定电压、电流,为定、转子侧控制策略提供稳定的电压与正弦电流;DFIG 转子电流 I_r、电磁转矩 T_e 仅出现短时暂态;NSC 承担能量传输作用且满足能量守恒原则。并网点电流 I_{pcc} 未发生畸变;在发生三相对称故障时直流侧电压出现 60V 左右波动,在 AB 相间不对称故障时直流侧电压出现 20V 左右波动;通过电压补偿后机端电压维持在电网电压发生故障前的工况,使其实现柔性故障穿越。

4.4.2　电压对称跌落 80%工况下低电压穿越仿真结果

为验证电网电压跌落至 20%标称电压时网侧 NSC 对风电机组进行电压补偿,且机组保持不脱网运行至少 625ms,模拟风电机组运行在 0.4~1.025s 期间 35kV 箱变侧出现 80%三相严重对称跌落。在跌落发生前,整个风电机组运行在稳定状态下,网侧变换器维持直流侧电压稳定在 2400V,网侧变换器流过的无功功率几乎为零,使得输入功率因数接近于 1。发生故障后电网电压跌落严重,使直流侧出现过电压,为维持直流侧电压稳定需在发生故障时加入直流卸荷电路,卸放掉多余的能量。由图 4-17 可知,当电网电压跌落至 20%标称电压时,并网点有功功率 P_{pcc} 由 2MW 跌落至 0.4MW,为保持直流侧功率平衡,直流卸荷电路消耗约 1.6MW 的功率。转子电流、并网点电流只有在跌落发生与结束瞬间出现小幅暂态波动,不影响系统可靠运行;定子电压 U_s、定子电流 I_s 通过补偿后恢复至故障前额定工况;DFIG 转子电流 I_r、电磁转矩 T_e 仅出现短时暂态;直流侧电压 U_{dc} 保持在 2400V 稳定不变。在此电压工况下可实现 DFIG 的低电压穿越运行。

4.4.3　电压不对称跌落 80%工况下低电压穿越仿真结果

为验证电网电压出现严重不对称故障仍能不脱网运行,设计在 0.4~0.9s 期间 35kV 箱变侧 AB 相间出现严重不对称短路。当电网电压出现故障时,为将定子电压补偿到额定工况,体现 NSC 中电压补偿单元的补偿能力,如图 4-18 所示,在 0.4~0.9s 并网点有功功率维持在 2MW,无功功率几乎为 0Mvar,仅出现短时暂态现象,符合能量守恒。直流侧电压在故障期间产生小幅二倍频波动,定子电流

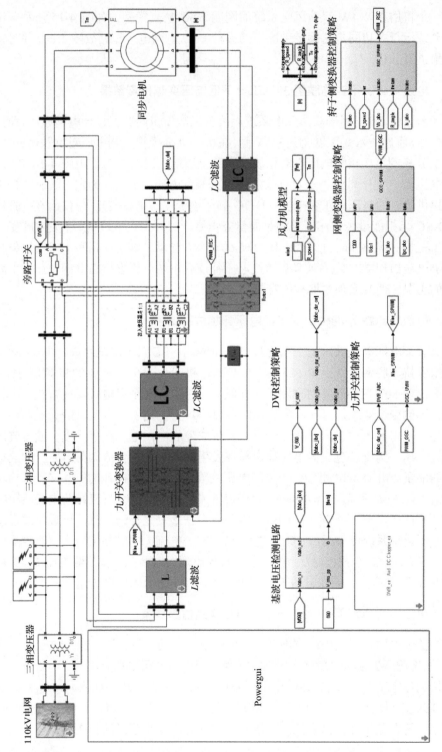

图 4-15　双馈风电系统网侧NSC仿真模型

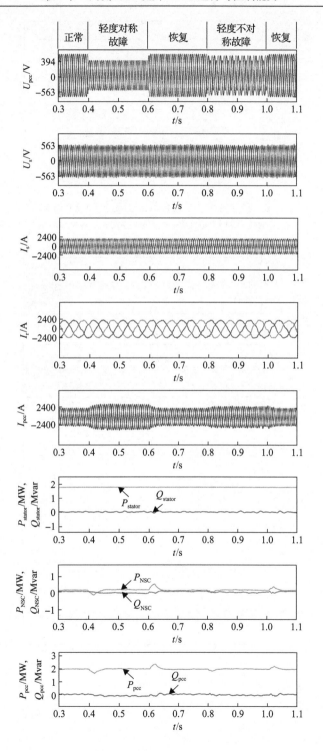

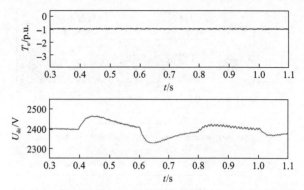

图 4-16　轻度对称、不对称故障工况下 LVRT 仿真波形

P_{stator}、Q_{stator} 为转子并网有功无功；P_{NSC}、Q_{NSC} 为转子网侧 NSC 的并网功率

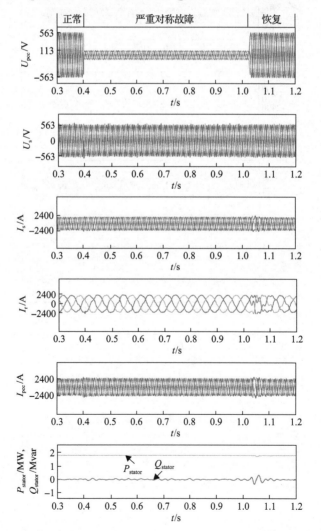

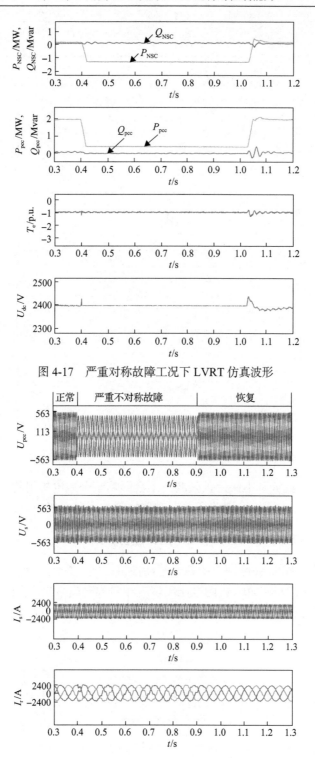

图 4-17　严重对称故障工况下 LVRT 仿真波形

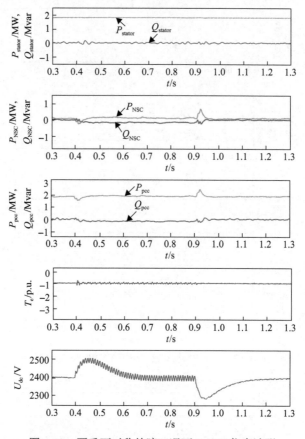

图 4-18　严重不对称故障工况下 LVRT 仿真波形

I_s、DFIG 转子电流 I_r 基本保持正弦波，不会影响整个风电机组的安全运行；电磁转矩 T_e 出现 0.1p.u.的脉动。因此严重不对称故障期间风电机组可以实现故障穿越。

4.4.4　电压对称升高 30%工况下高电压穿越仿真结果

为验证网侧 NSC 在电网电压骤升时能使机端电压恢复正常，机组稳定运行，设计在 0.5～0.9s 期间 110kV 侧电压出现三相对称升高 30%，经过箱变电网电压升高至 732.2V，为维持机组总功率为 2MW，并网点电流在故障期间应降低，如图 4-19 中 I_{pcc} 所示。

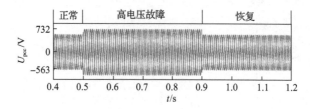

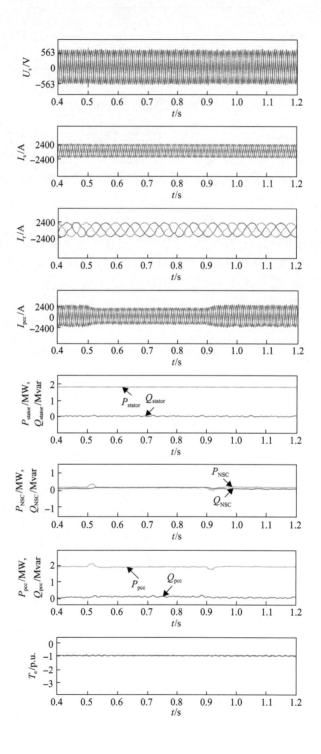

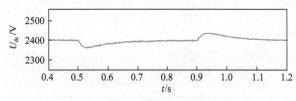

图 4-19　高电压故障穿越仿真波形

　　并网点功率维持平衡；仅在电压发生故障时刻造成 U_{dc} 瞬态暂降，电压恢复时 U_{dc} 出现暂升；U_s、I_s 保持额定工况；转子电流 I_r、电磁转矩 T_e 在故障起止时刻出现短时暂态后恢复正常。通过补偿有效地抑制了 DFIG 电磁转矩脉动与定、转子变化对风电机组的影响，进而实现高电压穿越。

　　本章将新型 NSC 拓扑用于双馈风电系统取代传统的网侧 PWM 变换器，在分析网侧九开关变换器电压补偿控制、并网控制、直流母线电压分配策略的基础上，对 DFIG 风电系统运行特性进行了仿真分析，设计了多种典型低电压/高电压故障工况，对网侧 NSC 提升双馈风电系统故障穿越运行能力进行了验证性仿真分析。

第5章 NSC实现UPQC功能提升DFIG运行与控制能力

在第4章将新型NSC拓扑用于双馈风电系统取代传统的网侧PWM变换器的基础上，本章利用NSC实现UPQC功能，进而实现DFIG的故障穿越运行与电能质量控制一体化，并针对多种电压故障和谐波工况，仿真验证九开关型UPQC提升双馈风电系统故障穿越运行与电能质量控制一体化功能[57,58]。

5.1 九开关型UPQC与DFIG一体化拓扑结构

通常双馈风电系统定子侧电压(也称机端电压)为690V，转子通过背靠背结构的励磁变频器与690V线路连接，为双馈电机提供变速恒频控制的同时，也为转子馈电提供通道。一台或附近几台机组通过Ynd11接线的箱式升压变压器与35kV汇流母线连接，再由风电场主变升压至110kV或220kV后接入电网。

UPQC为解决设备在电网非正常状态下的运行问题而设计。用于双馈风电系统的九开关型UPQC，需要补偿电网跌落的电压和双馈电机输出的谐波电流。通常在电网电压故障时，电网电压中往往含有正序、负序、零序分量。由于箱变高压侧采用角接，零序分量的线电压为零，无法传递到电机端。故在电网电压故障时，机端电压仅有正序和负序分量。补偿电压需要输出正序分量弥补电压跌落，输出负序分量弥补电压不对称。九开关变换器的串联补偿侧采用三相三线制接线，可以输出正序、负序分量，但无法输出零序分量，与待补偿的电压类型相吻合[59]。同理，电机端也不存在$3n$次的谐波，即零序谐波。发电机绕组为防止接地短路故障造成过流损毁，通常采用中性点不接地、经大电阻接地或消弧线圈接地的形式。同样，DFIG定子侧中性点隔离，输出电流无零序谐波，而且励磁变频器为三线制结构，也无零序分量输出，因此双馈机组没有零序电流补偿需求。采用三相三线制结构的九开关变换器的并联补偿侧，可以满足电流补偿的要求[60,61]。

本书设计的用于双馈风电系统的九开关型UPQC，通过串联电压补偿单元补偿故障电压，通过并联电流补偿单元补偿谐波电流且控制变换器直流侧电压稳定。设备连接于双馈风机与箱变之间，如图5-1所示。注入变压器的一边串联接入风机馈电线路，另一边以丫形接线组成组合三相变压器，经过LC滤波器，与九开关变换器AC_1通道电压补偿侧相连。注入变压器串入馈电线路的一端与旁路开关并联，电网正常时，旁路开关闭合，注入变压器被短接，电压补偿单元旁路备用；电网出现电压故障时，旁路开关断开，变压器注入并网点的电压与电网电压叠加，为机端电压提供支持。

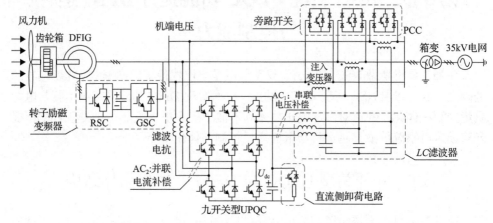

图 5-1　用于双馈风电系统的 UPQC 拓扑结构图

九开关变换器 AC_2 通道经过滤波电抗与线路连接，可以按照目标指令对输出电流进行控制。输出与谐波电流反向的电流时，与风机电流叠加后，可消除其中的谐波分量。同时，该通道也参与九开关型 UPQC 直流侧电压控制，通过控制输出或输入有功电流，为直流侧泄放或储存能量，进而控制直流侧电压稳定。另外，该通道也可按照控制指令输出无功电流，进行无功补偿。

九开关变换器直流侧连接电容，可储存一定能量，在变换器两通道有功功率瞬态不平衡时，滤除直流侧电压波动，维持九开关变换器输出功率脉冲幅值稳定。同时设计耗能电阻与开关元件串联构成卸荷电路并联于直流侧，为直流侧能量的泄放提供通道，在维持两通道功率平衡时，减轻电流补偿单元的功率负担。

本书九开关型 UPQC 采用"左并右串"结构，即在靠近电网侧串联接入电压补偿单元，维持风机端电压稳定的同时，使得靠近风机侧的并联电流补偿单元出口电压稳定，有利于提高电流补偿精度；电流补偿单元滤除注入电网的谐波电流的同时，避免谐波电流流过电压补偿单元的串联变压器，有利于提高电压补偿效果。

5.2　九开关型 UPQC 建模与控制

本节主要从九开关型 UPQC 电路结构入手，通过电压电流制约关系表达式，求解输入与输出的数学关系，进而得出针对该电路结构的控制方案。由于电路较复杂、动态元件较多，对整个系统列写数学方程式时，维度较高、不易求解，因此在保证模型对电路真实结构进行反映的前提下，按照电路特点进行的简化分析可以有效降低建模难度。下面将对电压补偿侧和电流补偿侧的模型简化方法做出三点说明。

（1）由九开关分时控制的分析可知，上通道输出低电平时，下侧两开关管同时处于导通状态；下通道输出高电平时，上侧两开关管同时处于导通状态。将参考信号偏置后统一调制的方法实现了上下通道解耦，即实现了上下通道的独立分时控制。因此，分析上通道电压补偿侧电路模型时，可将下通道同时开通的两个开关管等效为一个，这样九开关变换器在电压补偿侧的模型就变为了传统三相全桥电压源型变换器结构。同理，分析九开关变换器在电流补偿侧的模型时，九开关结构也可等效为传统三相全桥 VSI。

（2）采用 SPWM 方法的三相全桥电压源型逆变器可以等效为一个调制信号的比例放大环节。对图 5-2(a) 中桥臂中点电压进行分析。按照 SPWM 中调制波与三角载波的大小关系，u_o 有两种电压状态：

$$u_o = \begin{cases} U_d, & 0 < t \leqslant \tau(t) \\ 0, & \tau(t) < t \leqslant T_s \end{cases} \tag{5-1}$$

式中，$\tau(t)$ 为在一个开关周期 T_s 中，调制波高于三角载波的时间。为使逆变器的输出有较好的频谱特性，通常三角载波的频率远大于调制波频率，因此在一个载波脉冲周期中，可以认为调制波近似保持不变，如图 5-2(b) 所示。在这种情况下，输出电压基波分量瞬时值 u_{o1} 可以近似用输出电压平均值 $\overline{u_o}$ 表示。输出电压平均值为

$$\overline{u_o} = \frac{1}{T_s} \int_0^{T_c} u_o \, \mathrm{d}t = \frac{1}{T_s} \times \left(U_d \times \tau(t) \right) = \frac{\tau(t)}{T_s} \times U_d \tag{5-2}$$

占空比和参考电压为

$$\begin{cases} D(t) = \dfrac{\tau(t)}{T_s} = \dfrac{\frac{1}{2}\tau(t)}{\frac{1}{2}T_s} = \dfrac{u_{ref}}{U_{cm}} \\ u_{ref} = U_{ref}\sin(\omega t) \end{cases} \tag{5-3}$$

将式(5-3)代入式(5-2)得

$$\overline{u_o} = \frac{u_{ref}}{U_{cm}} \times U_d = \frac{U_{ref}}{U_{cm}} \times U_d \sin(\omega t) = mU_d\sin(\omega t) \tag{5-4}$$

即

$$u_o \approx \overline{u_o} = mU_d\sin(\omega t) \tag{5-5}$$

式 (5-3)～式 (5-5) 中，$m = U_{ref}/U_{cm}$ 为调制比，U_{cm} 为三角载波幅值，U_d 为逆变器直流侧电压，u_{ref} 为调制波，U_{ref} 为调制波幅值。由式 (5-5) 可知，在 SPWM 方法下的 VSI 输出基波电压与调制波频率、相位相同，输出电压与调制比正相关，在仅需分析 VSI 外特性的电路结构中，可将 VSI 作为调制参考信号的比例放大来简化。

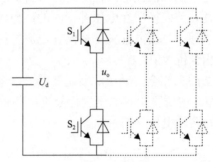

(a) 三相全桥电压源型逆变器

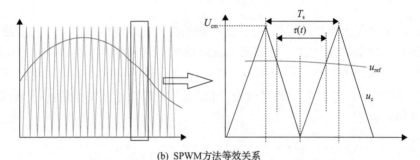

(b) SPWM方法等效关系

图 5-2　SPWM 方式下电压源型逆变器等效原理

(3) 由于三相电路结构的对称性和电路中无零序电压、零序电流的特点，系统中所有的中性点均无偏移，各相之间相互独立。以 A 相为例对系统的运行特性进行建模研究，在反映系统动态静态特性的基础上，将计算量减小为原来的三分之一。

下面将结合以上简化方法，对 UPQC 电压补偿侧和电流补偿侧展开研究。

5.2.1　UPQC 电压补偿侧建模与控制

将九开关变换器简化为三相全桥 VSI 结构后，UPQC 电压补偿侧电路如图 5-3 所示。按照图中标注，对 A 相进行分析。u_{pcc_a} 为并网点电压，u_a 为 VSI 输出基波电压；u_{g_a} 为发电机端电压，i_{g_a} 为发电机输出电流，i'_{g_a} 为注入变压器副边电流；u_{c_a} 为滤波电容电压，i_{c_a} 为其电流；u_{l_a} 为滤波电感电压，i_{l_a} 为其电流。将注入变压器原边回路折合至副边，并认为注入变压器理想且忽略电网内部阻抗和滤波电抗的电阻。在变比 $n=1$、滤波电容和滤波电抗的初始储能为零的情况下，含电压补偿单元的风电系统运算电路如图 5-4 所示。根据基尔霍夫电压定律、基尔霍夫电流定律，列写电路方程，可得 UPQC 电压补偿单元数学模型：

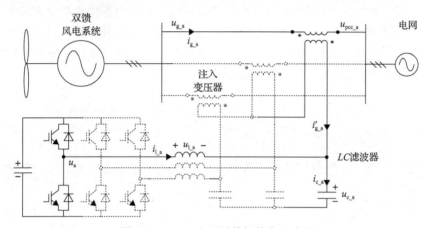

图 5-3　UPQC 电压补偿侧简化电路图

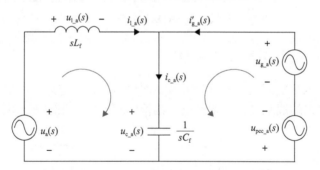

图 5-4　含电压补偿单元的风电系统运算电路

$$\begin{cases} u_{g\_a}(s) = u_{pcc\_a}(s) + u_{c\_a}(s) \\ u_{c\_a}(s) = \left(i'_{g\_a}(s) + i_{l\_a}(s) \right) \times \dfrac{1}{sC_f} \\ u_a(s) - u_{c\_a}(s) = i_{l\_a}(s) \times sL_f \end{cases} \tag{5-6}$$

按照式(5-6)，将 A 相模型应用于三相结构，在图 5-5 中构建电压补偿单元模型。通过控制变换器输出基波电压 u_{vsi}，使机端电压在电网电压 u_{pcc} 发生扰动时维持不变。将机端期望电压 u_{exp} 与机端实际电压做差，得到逆变器输出参考电压 u_{ref}，以此为依据，控制 u_{vsi} 输出对应电压即可实现动态电压补偿。本书设计的电压补偿控制策略为采用滤波电容电压反馈构成电压外环，期望电压与实际电网电压之差作为前馈补偿的复合控制策略，控制框图如图 5-5 所示，图中 K_m 为变换器等效比例环节。由于电压参考值 u_{ref} 按正弦规律变化，经典的 PI 控制器无法对时变量做到无差控制，因此对电压闭环采用在谐振频率处有理想增益的比例谐振控制器 G_{PR}，尽量减小对基波负序和谐波等正弦量控制的稳态误差。同时利用 PR 控制代替 PI 控制，可免除 PI 控制器需要利用同步旋转坐标系对系统有功分量和无功分量进行解耦的烦琐操作，简化了控制系统结构。电压前馈补偿可在电压故障发生瞬间将扰动直接输入电压补偿变换器，对电压波动起到抑制作用。前馈补偿的引入加快了系统响应速度，提高了动态性能。

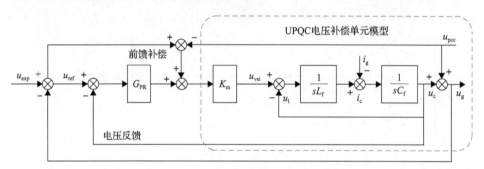

图 5-5　UPQC 电压补偿单元模型及控制框图

5.2.2　UPQC 电流补偿侧建模与控制

按照与电压补偿侧类似的分析方法，对电流补偿侧电路模型展开研究。为减少变量过多带来的混乱，利用两种电路结构的相似性，在图 5-6 电流补偿侧简化

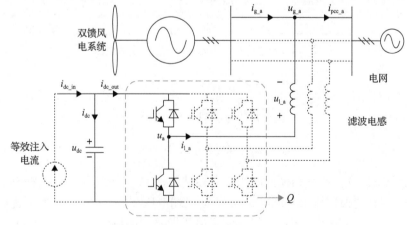

图 5-6　UPQC 电流补偿侧简化电路图

电路图中，部分变量标号与图 5-3 电压补偿侧简化电路图相同。图中 $i_{\text{pcc\_a}}$ 为并网点处注入电网的电流，$i_{\text{l\_a}}$ 为 VSI 输出基波电流，$i_{\text{g\_a}}$ 为发电机发出电流；$i_{\text{dc\_in}}$ 为电压补偿侧等效注入直流侧电流，$i_{\text{dc\_out}}$ 为直流侧等效流入电流补偿侧的电流，i_{dc} 为流入电容的电流。

在忽略滤波电抗、电阻，且电抗初始储能为零的情况下，含电流补偿单元的风电系统运算电路如图 5-7(a) 所示。在逆变器直流侧初始电压为 U_{dc} 时，逆变器直流侧运算电路如图 5-7(b) 所示。在电流补偿侧有

$$\begin{cases} i_{\text{pcc\_a}}(s) = i_{\text{l\_a}}(s) + i_{\text{g\_a}}(s) \\ u_{\text{a}}(s) - u_{\text{g\_a}}(s) = i_{\text{l\_a}}(s) \times sL_{\text{f}} \end{cases} \tag{5-7}$$

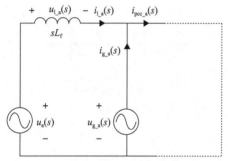 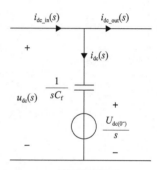

(a) 含电流补偿单元的风电系统运算电路　　　　　(b) 直流侧运算电路

图 5-7　电流补偿单元及变换器直流侧运算电路

在变换器的直流侧有

$$\begin{cases} i_{\text{dc}}(s) = i_{\text{dc\_in}}(s) - i_{\text{dc\_out}}(s) \\ u_{\text{dc}}(s) = i_{\text{dc}}(s) \times \dfrac{1}{sC_{\text{f}}} + \dfrac{U_{\text{dc}(0^-)}}{s} \end{cases} \tag{5-8}$$

根据图 5-6 中割集 Q 列写功率平衡方程：

$$u_{\text{dc}} \times i_{\text{dc\_out}} = u_{\text{d}} \times i_{\text{d}} \tag{5-9}$$

式中，u_{d} 为机端电压 U_{g} 变换到 d-q 轴的 d 轴电压；i_{d} 为电流补偿单元输出电流 i_{l} 按照电压相位角变换到 d-q 轴的 d 轴电流。按照式(5-7)～式(5-9)，将 A 相模型应用于三相结构得到图 5-7 中电流补偿单元模型和直流侧模型。提取 DFIG 输出电流中的谐波分量，以其反向电流作为电流补偿的参考 i_{ref}，以实际输出电流反馈形成电流闭环 PR 控制。直流侧电压稳定是电压补偿单元和电流补偿单元正常运行的前提，为维持其稳定，需要控制电流补偿单元的有功功率流动。设置直流电

压控制器 G_{PID}，以其输出量调节补偿电流参考值中的有功分量，进而使直流侧输入输出功率在电压补偿单元功率扰动下达到动态平衡，实现对电压的控制。控制框图如图 5-8 所示。

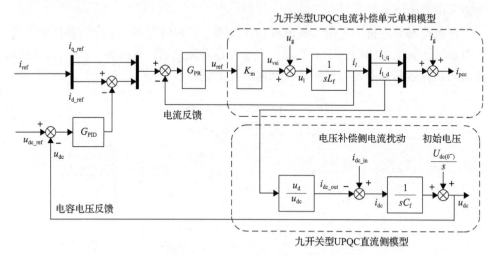

图 5-8　UPQC 电流补偿单元模型及控制框图

5.3　工作模式设计

九开关型 UPQC 具有强大的电压补偿和电流补偿功能，可以应对多种电能质量问题。但在实际设计过程中，九开关型 UPQC 结构还有多种约束，以下对两点关键的制约问题加以说明。

(1) 直流侧电压限制：由于九开关变换器自身拓扑结构耦合关系，其 SPWM 需采用参考信号偏置后调制的方法实现，这必将大大降低两通道各自的调制比。这种调制约束造成了两个通道需要串联利用直流侧电压的工作状态，使得每个通道电压利用率较低。为控制两个通道能按照参考信号输出逆变电压，直流侧需要的电压较高，对系统的绝缘等级和运行安全提出考验，同时增加了设备的设计成本。

(2) 设备最大电流限制：开关管是九开关变换器的核心部件，当桥臂上侧两个开关元件开通时，两通道均输出高电平，此时最上边的开关管将流过两通道电流之和，在设计时，需要选用额定电流较大的开关器件。同理，桥臂下侧两个开关元件开通时，最下边的开关管将流过较大电流。这种情况将对开关管的安全造成威胁，选用较大额定电流的开关管将提高设备设计成本。除开关元件以外，在电网电压跌落时，若将电压补偿单元吸收的差额功率全部返还电网，则需要电流补偿侧有较大的容量，这对滤波电抗和风机馈电线路有较高要求，同时电压跌落时的过流还可能引发电力系统中相关元件过流保护动作，切断线路，加重电压跌落的危害。

工作模式划分的出发点在于尽可能降低 UPQC 对内部元件的要求，降低所需设备的容量和直流侧电压，高效解决 DFIG 机组电能质量关键问题。依据不同电网工况对双馈风电机组运行的影响划分 UPQC 工作模式。

双馈风电机组定子直接连接电网，并且承担主要的输出功率。由于旋转发电机构输出谐波含量较低，因此在 DFIG 机组正常工作时，产生的谐波电流较小。当电网电压谐波畸变时，DFIG 定/转子电流将会产生畸变，定子输出有功/无功功率和电磁转矩出现脉动。通过电流补偿减小风机注入电网的谐波电流，提高了风电电能质量，通过电压补偿减小机端电压的谐波含量，可以从本质上减少谐波电流的产生；当电压跌落或骤升时，通过补偿故障电压，提升 DFIG 机组故障电压穿越能力。在电压跌落时，电压补偿单元吸收部分 DFIG 功率，储存于直流侧；电压骤升时，电压补偿单元消耗电容储能，向电网输出额外功率。电压补偿时，伴随着直流侧功率流动，此时需启动电流补偿来控制直流侧电压。电网电压故障越严重，电压补偿单元和电流补偿单元所吸收或发出的功率越大。根据电网电压工况不同，九开关型 UPQC 有三种工作模式与之对应，如表 5-1 所示。

表 5-1　九开关型 UPQC 工作模式

电网状态			电压补偿	电流补偿	直流卸荷	模式
理想电网			OFF	OFF	OFF	不启动
非理想电网	谐波	少量谐波	OFF	ON	OFF	模式一
		较多谐波				
	骤升	轻度升高	ON	ON	OFF	模式二
	跌落	轻度跌落				
		严重跌落	ON	OFF	ON	模式三

注：OFF 表示停用，ON 表示启用。

模式一：谐波电流补偿模式。非线性负载使得电网中不可避免地存在一定谐波，参照《电能质量公用电网谐波》(GB/T 14549—93)等标准，在 0.69kV 电压等级允许存在总畸变率不超过 5%的谐波电压。考虑 UPQC 的谐波电压滤除能力和含量较低的谐波电压对 DFIG 影响较小两个因素，设定在谐波总畸变率不超过 2.5%时，电压补偿 OFF、电流补偿 ON、直流卸荷 OFF。电流补偿单元滤除由谐波电压影响产生的谐波电流。

模式二：轻度电压补偿模式。当电网电压含有总畸变率高于 2.5%甚至短时间高于 5%的谐波，或发生小于 30%额定电压的对称或不对称跌落、骤升时，电压补偿 ON、电流补偿 ON、直流卸荷 OFF。电压补偿使得风机端电压保持稳定，不受电压谐波、跌落、骤升的影响。此时风机端电压较理想，输出的电流谐波很小，电流补偿单元主要用于维持直流侧电压稳定。由于电压故障较轻，电压补偿侧交换的差额功率较小，系统整体电流不大。

模式三：重度电压补偿模式。当电网电压发生超过 30%额定电压的对称或不对称跌落时，电压补偿 ON、电流补偿 OFF、直流卸荷 ON。卸荷电路消耗电压补偿单元吸收的能量，维持直流侧电压稳定。此时电压补偿单元吸收较大的差额功率，以卸荷电路代替电流补偿单元消耗该能量，可以避免开关管和输电线路出现过流问题。

5.4　动态调制比限幅设计

在九开关驱动信号调制过程中，由于闭环控制的作用，上下通道的调制参考信号实时变化。为避免下通道参考信号大于上通道参考信号造成调制失效，在偏置的基础上，对参考信号进行限幅，也就是限制上下通道的最大调制比。由 3.1 节介绍的九开关变换器拓扑结构可知，上、下两个输出通道串联共用直流侧电压，调制比限幅的分配也即两个输出通道最大输出电压的分配。

令上通道调制比限幅为 m_a，下通道调制比限幅为 m_x，为充分利用直流侧电压且避免过调制造成失真，m_a 和 m_x 应满足

$$m_a + m_x \leqslant 1 \tag{5-10}$$

上通道输入调制参考信号 u_{aref}、偏置信号 u_{ba}、实际调制信号 u_{ma}，下通道输入调制参考信号 u_{xref}、偏置信号 u_{bx}、实际调制信号 u_{mx}，满足如下关系：

$$\begin{cases} u_{ma} = u_{aref} + u_{ba} \\ u_{mx} = u_{xref} + u_{bx} \end{cases} \tag{5-11}$$

信号的偏置程度由调制比限幅决定（设定载波信号 $0 \leqslant u_c \leqslant 1$）：

$$\begin{cases} u_{ba} = \dfrac{1}{2}(1 - m_a) \\ u_{bx} = -\dfrac{1}{2}m_a \end{cases} \tag{5-12}$$

以上调制偏置与调制比限幅关系如图 5-9 所示。

动态调制比限幅是根据电压补偿侧对输出电压大小的需求，调整上下通道调制比限幅 m_a 与 m_x 的分配。按照 5.3 节工作模式的划分，设计与之相匹配的调制

比限幅参数，以实现在当前工况下的最优电压分配。

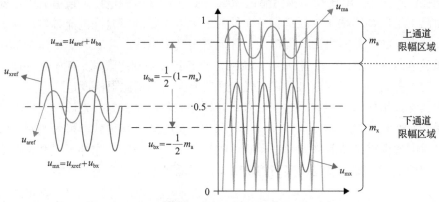

图 5-9　调制偏置及调制比限幅关系示意图

在模式一中，电流补偿工作，电压补偿备用。由于在模式二中同样需要启动电流补偿，此时的调制比限幅分配可以按照模式二中调制比限幅分配设置。

在模式二中，参照 DFIG 端电压为 690V、功率为 2MW，设置 $m_a=0.25$，$m_x=0.75$，$u_{dc}=1600V$。此时上通道偏置信号 $u_{ba}=0.375$，实际调制信号 u_{ma} 大小限制于 $0.75\sim1$；下通道偏置信号 $u_{bx}=-0.125$，实际调制信号 u_{mx} 大小限制于 $0\sim0.75$。空载时变换器上通道电压补偿侧输出相电压最大为 U_{amax}，下通道电流补偿侧输出相电压最大为 U_{xmax}。

$$\begin{cases} U_{a\max} = m_a \times u_{dc} \times \dfrac{1}{2} \times \dfrac{1}{\sqrt{2}} = 141.4\text{V} \\ U_{x\max} = m_x \times u_{dc} \times \dfrac{1}{2} \times \dfrac{1}{\sqrt{2}} = 424.3\text{V} \end{cases} \tag{5-13}$$

考虑开关元件、电缆、滤波电抗允许的最大电流和变换器输出电压等限制因素，设定电压补偿单元可以补偿 PCC 处电压±30%的波动，即补偿相电压±120V 的波动。此时变换器最大输出电压满足

$$\begin{cases} U_{a\max} > 690/\sqrt{3} \times 0.3 = 120\text{V} \\ U_{x\max} > 690/\sqrt{3} = 398\text{V} \end{cases} \tag{5-14}$$

当电网电压发生 30%对称跌落时，电流补偿侧输出电流为

$$I_1 = \frac{2\times10^6\times0.3}{\sqrt{3}\times690} = 502\text{A} \tag{5-15}$$

此时 PCC 处电流 i_{pcc} 为额定值的 1.43 倍，风机发出的功率全部流入电网。

在模式三中，电压跌落幅值超过 30%，在 m_a=0.3 时的电压补偿单元电压输出能力已不足以补偿跌落电压；相关元件的最大电流限制不允许电流补偿单元输出更大功率。此时关闭电流补偿单元，开启直流卸荷电路，将直流侧电压全部用于上通道电压补偿输出。设置 m_a=1，m_x=0，动态配置调制比限幅，使电压补偿单元可以输出更高电压。在退出模式三时，恢复原来的调制比限幅设定。

九开关拓扑结构制约下的调制方式导致电压利用率较低，直流侧电压较高。在保证 UPQC 实现正常功能的前提下，采用划分电路工作模式，可为调制比限幅的分时配置提供必要条件。动态调制比的控制在一定程度上弥补了九开关变换器电压利用率低、直流侧电压偏高的缺陷，为降低设备成本提供了方案。

5.5 多种电压工况下仿真验证

根据本书所提的拓扑结构及控制策略与工作模式，在 MATLAB/Simulink 中搭建系统的仿真模型。模型中通过对 110kV 电源编程，使其出现电压谐波或发生电压骤升故障；通过模拟在 35kV 线路处发生对称和不对称短路故障，使风机端电压出现对称或不对称的跌落。以此造成电网电压故障，进而研究 UPQC 的补偿效果。仿真采用 ode45 求解器，采样时间为 4μs。仿真系统参数如表 5-2 所示。

表 5-2 含 UPQC 的双馈风电系统仿真参数

参数		数值
DFIG	额定功率	P_n= 2MW
	额定电压	U_n= 690V
	额定频率	f_n= 50Hz
	额定风速	V_n= 12m/s
九开关型 UPQC	电压补偿 PR 控制器	k_p=3；k_r=150；ω_r=8Hz
	电流补偿 PR 控制器	k_p=2.5；k_r=120；ω_r=8Hz
	直流侧 PID 控制器	k_p=30；k_i=400；k_d=0.01
	直流侧电容与电压	C=16mF；U_{dc}=1600V
	电压补偿侧 LC 滤波器	$L_{f\text{-}dvr}$=0.55H；C_f=150μF
	电流补偿侧滤波电抗	$L_{f\text{-}apf}$=1.6mH

为验证本书提出的九开关型 UPQC 对谐波电压、电流治理的效果和实现 DFIG 柔性故障穿越的有效性，依据最新风电并网导则和国家公用电网谐波标准以及参考丹麦、美国等国的电网规程，设置了含有少量、较多谐波电压工况，

对称电压升高工况，对称和不对称电压跌落工况，在对应的 UPQC 工作模式下进行分析比对。

5.5.1 NSC 补偿电压、电流含有谐波工况

1. 电流谐波治理验证

为验证在少量谐波电压情况时，电流补偿单元对风电机输出谐波电流的补偿效果，设计了电网电压含有 5 次(2.04%)、7 次(1.02%)、11 次(1.02%)谐波，总谐波畸变率为 2.5%的工况。在 0.46s 开启电流补偿单元，补偿前后形成对比，仿真结果如图 5-10 所示。

由图 5-10 可见，在谐波电压的影响下，电网电压 U_{pcc} 和风电机组电流 I_g 的波

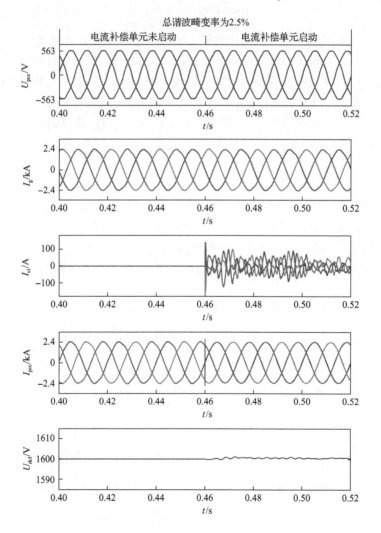

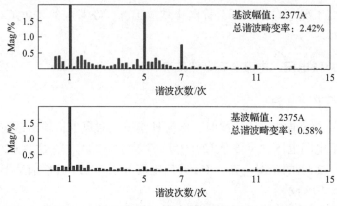

图 5-10　九开关型 UPQC 对谐波电流的补偿结果

Mag-各次谐波在基波中的占比

形出现畸变；在 0.46s 时，电流补偿单元输出补偿电流 I_{ci}；在此之后，PCC 处流入电网的电流 I_{pcc} 的波形恢复正弦；变换器直流侧电压 U_{dc1} 在启动补偿后，伴随着谐波电流的脉动功率出现约为 1V 的振荡。对风电机组电流 I_g 和流入电网的电流 I_{pcc} 进行谐波频谱分析可知，I_g 基波幅值为 2377A，总谐波畸变率为 2.42%，受谐波电压影响，谐波电流以 5 次和 7 次为主；补偿后 I_{pcc} 基波幅值为 2375A，总谐波畸变率下降为 0.58%，补偿效果明显。

2. 电压谐波治理验证

为验证对谐波电压的补偿效果，设计了电网电压含有 5 次（3.33%）、7 次（3.33%）、11 次（1.68%）谐波，总谐波畸变率为 5% 的工况。在 0.46s 开启电压补偿单元，补偿前后形成对比，仿真结果如图 5-11 所示。由图可见，在 0.46s 之前，风机端电压 U_g 畸变明显；受其影响，风电机组电流 I_g 发生畸变，电磁转矩（标幺值）T_e

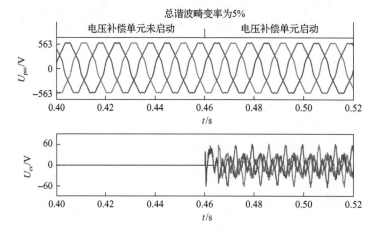

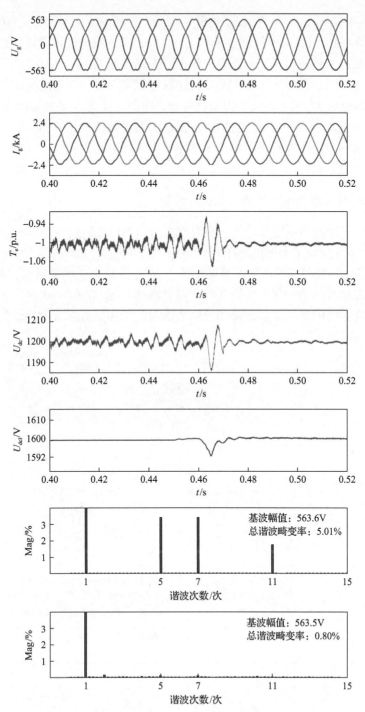

图 5-11　九开关型 UPQC 对谐波电压的补偿结果

在–1.05~–0.97p.u.之间振荡，转子励磁变频器直流侧电压 U_{dc} 围绕 1200V 上下 5V 波动。在 0.46s 之后，由于补偿电压 U_{cv} 的注入，风机端电压恢复正常；电流随之恢复正弦波，电磁转矩和变频器直流侧电压振荡大幅减小。九开关变换器直流侧电压 U_{dc1} 在补偿启动时出现 8V 波动，0.02s 后恢复正常。对电网电压 U_{pcc} 和补偿后的风机端电压 U_g 进行谐波频谱分析可知，电网电压 U_{pcc} 基波幅值为 563.6V，总谐波畸变率为 5.01%；补偿后的机端电压 U_g 基波幅值为 563.5V，总谐波畸变率下降为 0.80%。电压补偿单元有效地滤除了电压谐波，大幅减小了电网谐波电压对风电机组的影响。

5.5.2　NSC 补偿轻度电压故障工况仿真分析

为验证在轻度电网电压跌落、骤升故障时，通过 UPQC 实现 DFIG 机组柔性故障穿越，本节设计了电网电压在 0.5~0.7s 对称升高至 120%额定值，在 0.9~1.1s 通过箱变 35kV 侧模拟相间短路故障造成 B 相电压变为 70%额定值，A、C 相变为 93%额定值且伴有一定相位跳变的不对称跌落工况。在 0.4~0.5s 风电机组正常工作，与之后电网电压发生故障和故障消除时的工作状态形成对比，仿真结果如图 5-12 所示。

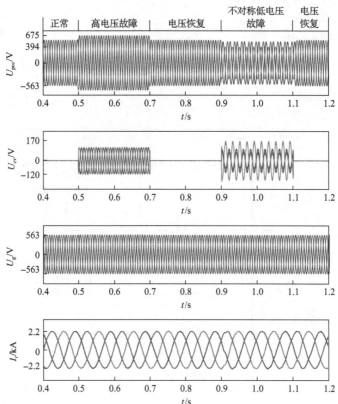

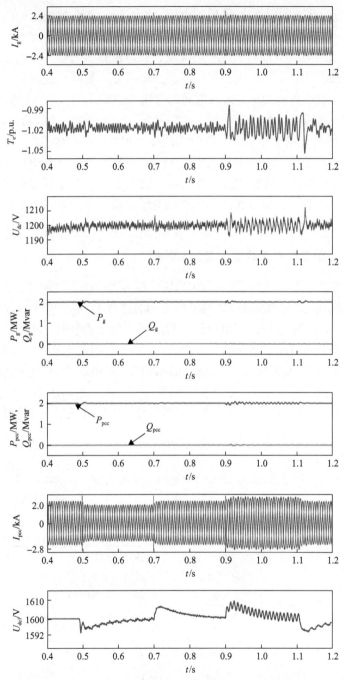

图 5-12　九开关型 UPQC 对轻度电压跌落、骤升补偿结果

由图 5-12 可知，在电网电压 U_{pcc} 幅值对称升高至 675V 或 B 相不对称跌落至 394V

时，补偿电压 U_{cv} 的注入使得风机端电压 U_g 几乎未受到故障电压的影响，DFIG
转子电流 I_r、风电机组电流 I_g、电磁转矩 T_e、转子变频器直流侧电压 U_{dc} 和机组有
功功率 P_g、无功功率 Q_g 只出现轻微波动，暂态过程很短暂。高电压故障时，电
压补偿单元输出有功功率，造成变换器直流电压 U_{dc1} 暂降；直流电压控制器调节
电流补偿单元吸收有功功率，流入电网的电流 I_{pcc} 减小，经过 0.1s 直流电压恢复。
故障消除时，直流电压暂态与故障发生时相反。低电压故障时，流入电网的电流
I_{pcc} 增大，变换器直流电压暂态与高电压故障时相反。在此模式下，风机输出的有
功功率全部输入电网，P_{pcc} 与 P_g 相同，均为 2MW。不对称电压跌落造成电压补
偿单元输出功率振荡，致使 P_{pcc} 与变换器直流电压 U_{dc1} 发生轻微振荡。在轻度电
网电压故障时，电压补偿单元消除风机端电压波动，极大地减小了电网电压故障
对 DFIG 机组的冲击，使其实现柔性故障穿越。

5.5.3　NSC 补偿重度电压跌落工况仿真分析

为验证在严重电网电压跌落时，DFIG 机组柔性故障穿越能力，本节设计了在
0.7～1.325s 期间，通过箱变 35kV 侧模拟三相短路故障，造成电压对称跌落至 20%
额定值的工况。0.7s 之前，风电机组正常运行，与之后电网发生故障和故障消除
时的工作状态形成对比，仿真结果如图 5-13 所示。电网电压 U_{pcc} 的幅值在 0.7s
时对称跌落至 113V，同时电压补偿单元输出幅值为 450V 的补偿电压 U_{cv}。在 1.325s
时电网电压恢复，补偿停止。在跌落和恢复瞬间，风机端电压 U_g、电流 I_g 出现时
间极短的冲击；DFIG 转子电流 I_r 发生轻微振荡，无过流现象；变频器直流侧电压

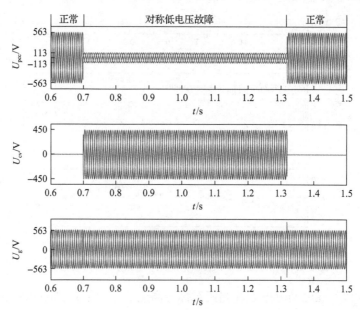

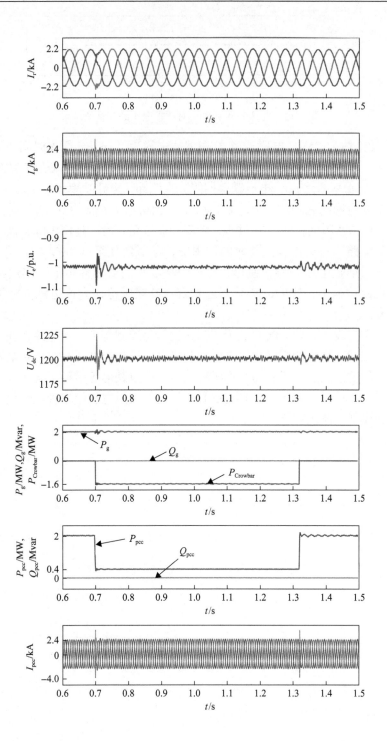

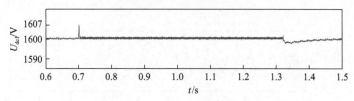

图 5-13　九开关型 UPQC 对严重电压跌落补偿结果

U_{dc} 最大冲击约为 25V，电磁转矩 T_e 最大冲击约为 0.1p.u.，暂态时间约为 0.1s。此模式下，流入电网的电流 I_{pcc} 与机端电流 I_g 相同，整个过程风机有功功率 P_g 为 2MW、无功功率 Q_g 为 0。电压跌落期间，直流卸荷电路功率 $P_{Crowbar}$ 为 1.6MW，PCC 处输入电网的有功功率 P_{pcc} 为 0.4MW，无功功率 Q_{pcc} 为 0。九开关变换器直流侧电压在跌落瞬间，有 7V 过压，随着卸荷电路开启，过压消除；恢复瞬间，切除卸荷电路，在电流补偿单元的作用下，电压恢复至 1600V。在严重电网电压跌落时，通过电压补偿，使得风电机组在较小的暂态冲击下，实现柔性故障穿越。在此过程中，UPQC 工作状态稳定，在最大电流允许范围内，可以实现零电压穿越。

　　本章围绕九开关型 UPQC 提升 DFIG 运行与控制能力，从电路拓扑结构、控制原理、控制方法与调制优化等方面展开研究。通过仿真手段验证在电网电压轻度谐波、严重谐波、电压升高及不对称跌落、严重跌落等多种工况下系统的暂稳态运行特性，验证了九开关型 UPQC 具备辅助双馈风电机组实现柔性故障穿越与电能质量控制一体化功能。

第 6 章　网侧 NSC 提升 PMSG 运行与控制能力

在第 4 章将新型 NSC 拓扑用于双馈风电系统取代传统的网侧 PWM 变换器、第 5 章则利用 NSC 实现 UPQC 功能,进而实现 DFIG 的故障穿越运行与电能质量控制一体化的基础上,本章尝试将 NSC 应用于另一种主流风电系统——永磁同步风电系统,并取代传统的网侧 PWM 变换器。

传统永磁同步风电系统主要由风力机、PMSG、全功率变流器及变压器构成。本书采用九开关变换器代替传统永磁同步风电系统中的网侧变换器,仅通过增加 3 个 IGBT,便能实现 PMSG 的并网控制和电压补偿一体化功能,与其他串联补偿装置相比,节省了系统成本。系统整体拓扑结构如图 6-1 所示。

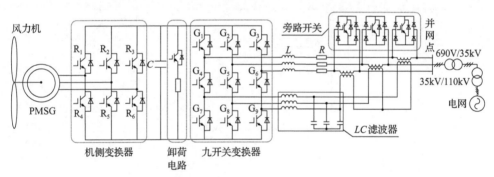

图 6-1　永磁同步风电系统网侧九开关变换器拓扑结构图

图 6-1 中风力机与 PMSG 直接相连,然后通过机侧变换器、直流侧电容 C、卸荷电路和九开关变换器将电能馈入电网。九开关变换器中 $G_1 \sim G_6$ 构成等效网侧变换器,用以维持直流侧电压稳定,输出正弦电流及实现单位功率因数运行等;$G_4 \sim G_9$ 构成等效动态电压恢复器,当电网故障时注入补偿电压;等效动态电压恢复器通过 LC 滤波器和串联变压器与电网相连接,具有电气隔离的作用[62,63]。

6.1　传统永磁同步直驱风电系统稳态控制

理想电网条件下,图 6-1 中的旁路开关闭合,将 NSC 下通道电压补偿电路短路,此时系统的运行状态与传统风电系统的运行状态一致,故在理想电网条件下系统变换器的数学模型仍可按照传统永磁同步直驱风电系统的方式进行推导[64,65]。

6.1.1　网侧变换器矢量控制

网侧变换器的控制采用电网电压定向控制。选择电网电压作为控制系统的定向矢量，将电网电压矢量定向在两相同步旋转坐标系的 d 轴上，q 轴超前 d 轴 90°且 q 轴分量为零，得出网侧变换器在两相同步旋转坐标系下的电压方程：

$$\begin{cases} u_{gd} = -R_g i_{gd} - L_g \dfrac{di_{gd}}{dt} + \omega_g L_g i_{gq} + u_d \\[3mm] u_{gq} = -R_g i_{gq} - L_g \dfrac{di_{gq}}{dt} - \omega_g L_g i_{gd} \end{cases} \tag{6-1}$$

网侧变换器采用直流侧电压外环和电流内环的双闭环控制方式，如图 6-2 所示。

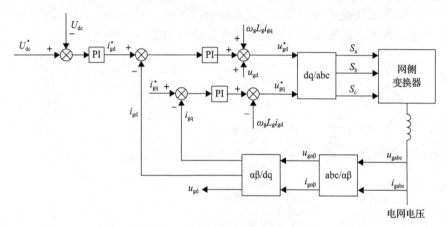

图 6-2　网侧变换器控制策略

6.1.2　机侧变换器矢量控制

结合机侧变换器拓扑结构并假设气隙磁场均匀、正弦分布，三相绕组完全对称且忽略开关器件损耗，结合基尔霍夫电压定律(KVL)及 3s/2r 变换可得出机侧变换器在两相同步旋转坐标系下的电压方程表达式：

$$\begin{cases} u_{sd} = R_s i_{sd} + L_{sd} \dfrac{di_{sd}}{dt} + S_d U_{dc} + \omega_s L_{sq} i_{sq} \\[3mm] u_{sq} = R_s i_{sq} + L_{sq} \dfrac{di_{sq}}{dt} + S_q U_{dc} - \omega_s L_{sd} i_{sd} \\[3mm] C \dfrac{du_{dc}}{dt} = \dfrac{3}{2}\big(S_d i_{sd} + S_q i_{sq}\big) - i_L \end{cases} \tag{6-2}$$

机侧变换器采用转速外环、定子电流内环的双闭环控制,控制结构图如图 6-3 所示,Ψ_f 为定子磁链。将检测到的 PMSG 的实际转速 ω_r 与参考值 ω_r^* 进行比较后通过最大转矩电流比控制得到 d-q 轴电流的参考值 i_{sd}^*、i_{sq}^*,然后与经过坐标变换的定子电流 i_{sd}、i_{sq} 进行做差比较,经过 PI 调节器后加入解耦量得到控制信号。电流内环可实现对目标的快速跟踪,具有较快的响应速度。转速外环能有效提升系统的精度,进一步提升 PMSG 的控制效果。

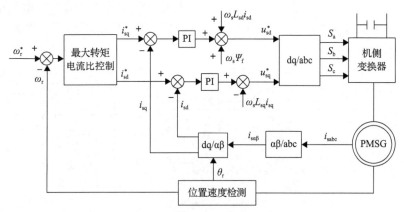

图 6-3　机侧变换器控制策略

6.2　网侧 NSC 控制方法

网侧九开关变换器上通道用作网侧变换器,已进行过详细控制分析,下通道通过串联变压器与电网相连,在电网故障时向电网注入补偿电压,保证 PMSG 输出电压的稳定,其功能等效于动态电压恢复器。传统的动态电压恢复器控制通常采用前馈控制、负反馈控制及两者结合的复合控制。本书采用并网点电压前馈和负反馈结合的复合控制策略,既具有前馈控制简单、补偿迅速的优点,也有负反馈控制良好的跟随性能,并可抑制滤波参数对补偿电压的影响。其控制框图如图 6-4 所示。

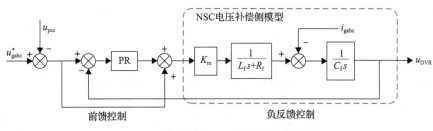

图 6-4　等效动态电压恢复器控制策略

参考电压 u_{gabc}^{*} 与并网点实际电压的差值作为电压前馈控制量，将电压补偿单元输出电压 u_{DVR} 作为反馈量与电压前馈控制量做差作为 PR 控制器的输入，可提升系统的精度，尽量减小误差。

网侧 NSC 的并网侧和电压补偿侧的控制策略均已详细分析。为研究在电网电压故障工况下网侧 NSC 的补偿效果，对其并网侧的控制策略进行改进，使其能满足《风力发电机组　故障电压穿越能力测试规程》（GB/T 36995—2018）：在电网故障期间，风力发电系统需要向电网注入一定的无功电流支撑电网电压恢复。根据要求对网侧控制策略进行适当修改后，网侧 NSC 的整体控制策略如图 6-5 所示。

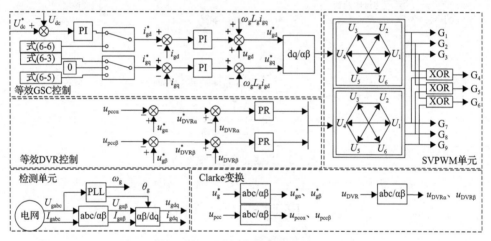

图 6-5　网侧 NSC 控制框图

由图 6-5 可以看出，较之稳态下的等效网侧变换器控制策略，改进控制策略将无功电流分为三个通道：上通道为高电压故障运行模式，中间通道为单位功率因数运行模式，下通道为低电压故障运行模式。

高电压故障运行模式（即并网点电压高于 1.1p.u.）下，此时系统应能快速响应，通过注入感性无功电流支撑电压恢复，注入无功电流的大小在式(6-3)给出。

$$i_{\text{gq}}^{*} = 1.5I_{\text{N}} \times \left(u_{\text{g}} - 1.1\right), \quad 1.1\text{p.u.} \leqslant u_{\text{g}} \leqslant 1.3\text{p.u.} \tag{6-3}$$

式中，I_{N} 为机组的额定电流。

单位功率因数运行模式（并网点电压处于 0.9～1.1p.u.）下，网侧变换器的直流电压外环能较好地控制直流侧电压稳定，无功电流在式(6-4)给出。

$$i_{\text{gq}}^{*} = 0, \quad 0.9\text{p.u.} < u_{\text{g}} < 1.1\text{p.u.} \tag{6-4}$$

低电压故障运行模式(并网点电压处于 0.2~0.9p.u.)下,网侧变换器应能优先发出容性无功电流支撑并网点电压恢复,其无功和有功参考电流由式(6-5)和式(6-6)给出。

$$i_{gq}^* = 1.5I_N \times \left(0.9 - u_g\right), \quad 0.2\text{p.u.} \leqslant u_g \leqslant 0.9\text{p.u.} \tag{6-5}$$

$$i_{gd}^* = \sqrt{i_{max}^2 - i_{gq}^{*2}} \tag{6-6}$$

式中, i_{max} 为网侧变换器允许的最大电流值(本书中 i_{max}=1.1p.u.)。

改进后的控制策略可在电网电压故障时优先向电网注入无功电流帮助其恢复,仅在低电压故障运行期间,有功电流由直流电压外环控制切换至式(6-6)所示的通道。此时直流电压由卸荷电路控制。网侧 NSC 的上、下通道分别进行控制,产生的输出信号经过 NSC-SVPWM 单元生成九路信号驱动变换器工作。

6.3　网侧 NSC 直流母线电压分配与控制方法

由前面分析可知,网侧 NSC 的直流侧电压可分为等效网侧变换器和等效动态电压恢复器所需电压之和。采用 SVPWM 时,其电压利用率较传统 SPWM 提升约 15.5%。设并网点相电压幅值为 U_{gmax},由变换器的特性可知, U_{gmax} 与直流母线电压 U_{dc} 之间必须满足以下关系才能使变换器正常工作:

$$U_{dc} \geqslant \sqrt{3}U_{gmax} \tag{6-7}$$

并网点线电压有效值为 690V,则根据式(6-7),并留有一定裕量,可得网侧 NSC 的等效网侧变换器所需的电压为 1200V。

在 SPWM 方式下,采用平均值模型法建立动态电压恢复器输出电压与直流侧电压的函数关系。根据三相正弦交流电路中线电压与相电压的关系得等效动态电压恢复器所需直流侧电压与动态电压恢复器输出线电压基波有效值的关系为

$$U_{eDVR} = \frac{2}{3}\sqrt{6}\frac{U_{AB}}{M} \tag{6-8}$$

式中, U_{eDVR} 为等效 DVR 所需的直流侧电压; U_{AB} 为 DVR 输出线电压基波有效值。

等效 DVR 的主要作用是在电网电压故障时向电网注入补偿电压,维持 PMSG 输出电压的稳定。按最严重的故障工况计算其直流侧电压,当并网点电压发生 100%深度跌落时,按照式(6-8)计算得所需的直流母线电压为 980V,故本书网侧

NSC 的电压补偿单元所需的直流侧电压取 1000V。网侧 NSC 的所需的直流母线电压 U_{dc}=2200V。

　　直流母线电压稳定是网侧 NSC 正常运行的前提。在理想电压条件和并网点电压变化在±10%以内的条件下，网侧 NSC 的输出电压稳定，此时 PMSG 产生的电能通过交直交变换后全部传送到电网，直流侧电容承担能量缓冲的作用，没有能量累积，直流侧电压仅由等效网侧变换器单元的直流电压外环控制；在并网点电压跌落工况下，由于网侧 NSC 的容量限制，PMSG 产生的电能不能完全传输至电网，在直流侧有能量累积造成直流侧电压迅速泵升，此时仅采用直流电压外环已不能较好地控制直流侧电压，故通过投入卸荷电路释放掉直流侧累积的能量，控制直流侧电压在安全范围内；在并网点电压骤升工况下，由于网侧 NSC 的补偿作用，此时 PMSG 产生的电能经由变换器可以全部传输至电网，无须投入卸荷电路即可控制直流侧电压稳定。

6.4　PMSG 风电系统正常/故障运行特性仿真分析

6.4.1　PMSG 风电系统正常运行特性仿真分析

　　根据上述对机侧变换器及九开关变换器的控制策略，在理想电压条件下，在 MATLAB/Simulink 环境下搭建 PMSG 风电系统模型，且将九开关变换器中的 G_7～G_9 三个开关管置于恒导通状态，其在变风速工况下的仿真结果如图 6-6 所示。

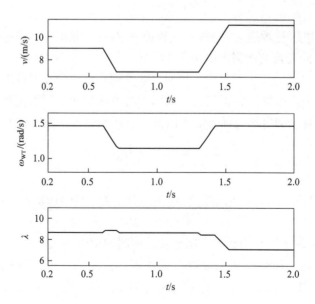

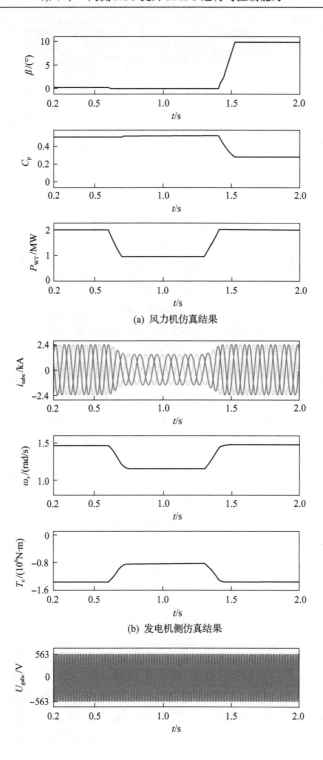

(a) 风力机仿真结果

(b) 发电机侧仿真结果

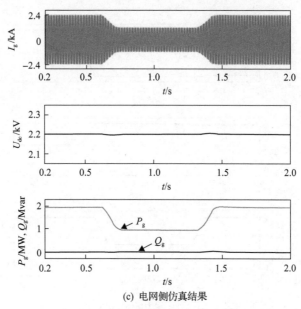

(c) 电网侧仿真结果

图 6-6　PMSG 变速恒频运行仿真

P_{WT} 为风轮机功率

根据图 6-6(a) 中的风速 v 波形图可以看出，风力机在风速变化时其转速 ω_{WT} 能快速跟踪风速的变化，当风力机运行在超同步速时，变桨装置启动，桨距角 β 由 0°变为 9.8°，风力机的网侧变换器流过的电流 I_g 大小保持在额定值，功率被限制在额定功率 2MW。在额定风速下，风力机的风能利用系数 C_p 为 0.51，叶尖速比 λ 为 8.7，超额定风速时在风速变化过程中 C_p 和 λ 跟随风速变化，风力机控制性能良好。从发电机侧仿真结果可以看出，PMSG 在额定风速下达到额定转速，且其转速 ω_s 可较好地跟踪风速的变化，定子电流 i_{sabc} 随风速的变化而变化，其频率在额定转速下保持 10.2Hz，与理论值相符。直流母线电压 U_{dc} 及网侧变换器输出有功功率 P_g 和无功功率 Q_g 在风速变化时，均出现短暂的暂态变化，然后恢复至稳定值，直流母线电压基本稳定在 2200V，无功功率近似为 0Mvar，系统控制性能良好。

6.4.2　PMSG 风电系统故障运行特性仿真分析

本节仿真设定 PMSG 在额定风速 9m/s 的工况下运行，设计系统发生不对称跌落故障，仿真结果如图 6-7 所示。并网点电压 U_{pcc} 中由于不对称故障出现负序分量。I_g 由于故障出现严重畸变，进而影响变换器寿命。变换器输出功率出现明显二倍频波动。由于 PMSG 通过变换器与电网解耦，通过 PMSG 的电磁转矩 T_e 可看出 PMSG 正常运行。若不对称跌落故障加重，电压负序分量会进一步加大，使电流畸变更严重,可能导致变换器烧毁。

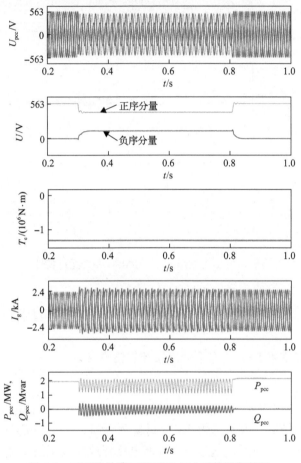

图 6-7 不对称故障工况下 PMSG 系统运行特性

下面观察电网电压对称故障工况下的系统电气量变化,其结果如图 6-8 所示。故障期间,流过网侧变换器的电流 I_g 幅值增大且为变换器最大允许电流值(对称高电压故障期间并网电流呈减小趋势),PMSG 电磁转矩 T_e 出现振荡,严重影响 PMSG 的正常运行。

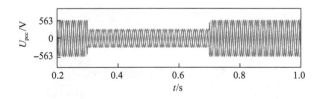

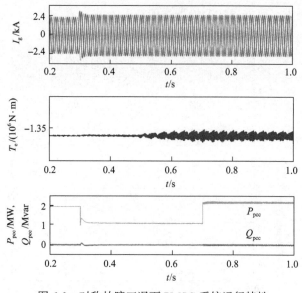

图 6-8 对称故障工况下 PMSG 系统运行特性

6.5 多种故障工况下故障穿越仿真分析

6.5.1 电压对称跌落 80%工况下低电压穿越仿真结果

设计并网点电压在 0.3～0.925s 时对称跌落至额定工况的 20%，仿真结果如图 6-9 所示。从图中可以看出，故障时并网点电压经过网侧 NSC 补偿后恢复至额定电压，仅在故障结束时有暂态的变化。故障发生时，由于并网点电压 U_{pcc} 跌落，直流侧会出现过电压情况，通过投入卸荷电路释放掉累积的能量，直流母线电压维持在 2310V。当并网点电压跌落至额定工况的 20%时，由仿真结果可以看出，PCC 有功功率 P_{pcc} 跌落至 0.18MW。故障期间 i_d 约为 780A，i_q 约为 2366A，与理论相符。等效 GSC 单元由于有功电流的减小，其输出的有功功率也随之减小，在故障开始和结束时刻有微小的超调。整个故障期间，机侧运行不受影响，PMSG 电磁转矩 T_e、定子电流 I_s 均保持稳定，系统运行稳定，在模式切换过程中没有出现较大的波动和冲击，且网侧 NSC 在故障期间能稳定地向电网提供约 0.46Mvar 的无功功率，满足电网对机组无功补偿的要求，可有效实现 PMSG 的低电压穿越运行。

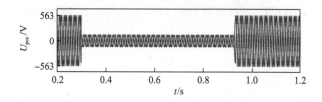

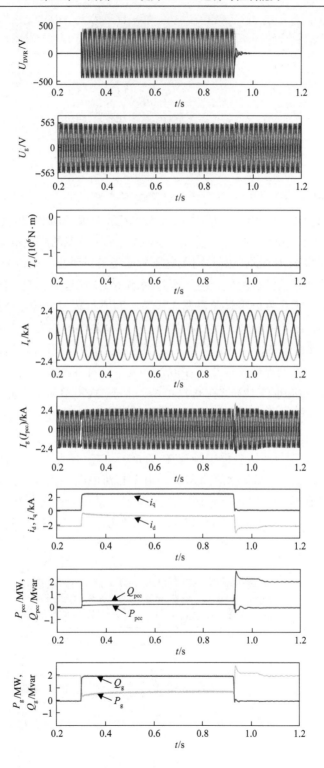

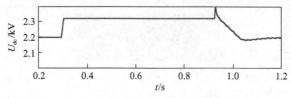

图 6-9　对称故障工况下低电压穿越运行仿真

6.5.2　电压畸变且不对称跌落 80%工况下低电压穿越仿真结果

为验证网侧 NSC 在电压畸变且不对称跌落工况下对系统运行特性的改善,整个仿真期间,设计并网点电压包含幅值分别为基波幅值 10%和 5%的 5 次谐波和 7 次谐波,且在 0.6～1s 时 B 相发生跌落至额定工况的 20%的严重不对称跌落故障,其仿真结果如图 6-10 所示。由并网点电压 U_{pcc} 波形可看出,在整个仿真期间,并网点电压由于含有谐波畸变较严重,经过网侧 NSC 补偿后,变换器输出电压 U_g 基本维持稳定。无论在畸变还是跌落工况下,暂态过程仅维持一个周期,补偿效果明显。由 i_d、i_q 可以看出,在故障期间,i_q 基本维持在 1172A 左右,此时 i_d 约为 2291A,与理论值基本一致,网侧 NSC 在故障期间可优先向电网注入稳定的无功电流,有助于并网点电压恢复。在 0.2～0.4s,由于 DVR 单元未投入,U_g 在此期间波形畸变率达到 11.18%,在 0.4～0.6s,由于 DVR 单元注入补偿电压,U_g 恢复正弦波,电压谐波含量为 1.39%,网侧 NSC 可有效抑制电压谐波。由于电压中含有谐波且发生不对称故障,并网点功率波动较大,在故障期间产生二倍频分量。直流母线电压在整个运行过程中维持在 2200V 左右,仅在未投入 DVR 期间产生 ±5V 左右的波动,在不对称故障期间,由于卸荷电路的投入,很好地抑制了直流电压泵升。在整个不对称且电压畸变工况下,系统能稳态运行,且网侧 NSC 能优先向电网注入无功电流帮助并网点电压恢复,整个过程向电网注入友好型清洁能源。

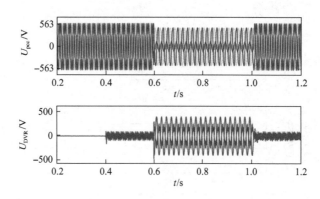

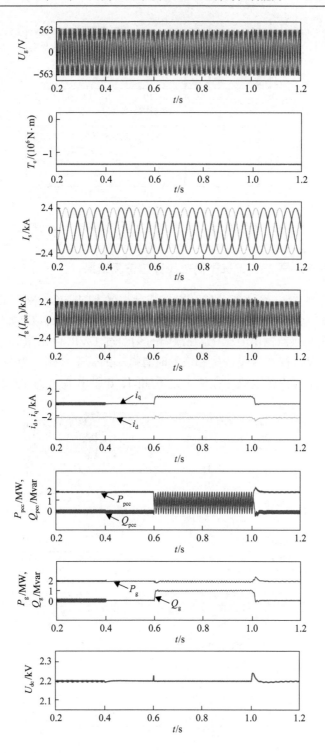

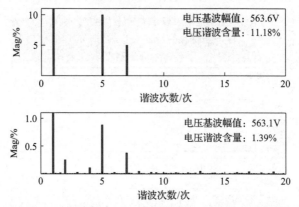

图 6-10　严重不对称且电压畸变工况下故障穿越运行仿真

6.5.3　电压对称升高 30% 工况下高电压穿越仿真结果

为验证网侧 NSC 提升 PMSG 在对称骤升工况下的高电压穿越能力，在 0.3～0.8s 时设计并网点电压 U_{pcc} 对称骤升 30% 故障工况，其仿真结果如图 6-11 所示。PMSG 的网侧变换器输出电压 U_g 在故障时刻经过 DVR 单元输出补偿电压 U_{DVR} 补偿至额定工况，仅在故障发生和恢复时有微小的暂态变化，为网侧变换器控制提供稳定的电压与正弦电流。在整个故障期间，d 轴电流 i_d 为 1782A 左右，q 轴

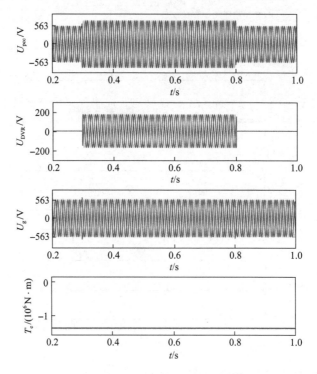

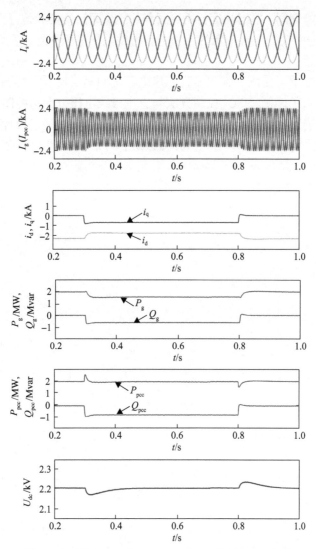

图 6-11　网侧 NSC 实现 PMSG 高电压穿越运行仿真

电流 i_q 约为 704A，基本与理论值相同，改进控制策略的控制性能良好。

　　并网点电流 I_{pcc} 在故障期间由于存在无功分量，其值相比单位功率因数并网时有所升高。由于网侧变换器输出电压在整个期间基本维持不变，在故障期间等效 GSC 输出约 1.52MW 的有功功率 P_g，向电网注入 0.61Mvar 左右的感性无功功率 Q_g。PCC 的有功功率 P_{pcc} 和无功功率 Q_{pcc} 分别为 2MW 和 -0.83Mvar 左右，与理论值基本一致，仅在故障开始和结束时刻有不到 20ms 且波动幅值不到 25% 的微小暂态变化。P_{pcc}、Q_{pcc} 与 P_g、Q_g 的差值则是 DVR 单元的有功和无功功率。在整个高电压穿越期间，卸荷电路没有投入运行，在故障起始时有 35V 左右的超调。

整个高电压故障期间，机组的运行不受任何影响，网侧变换器运行在可控范围内，同时网侧 NSC 可优先注入一定的无功电流帮助电网电压恢复，实现了 PMSG 的高电压故障穿越。

本章首先介绍了传统永磁同步直驱风电系统网侧变换器和机侧变换器的矢量控制，然后引入了网侧 NSC 控制方法与直流母线电压分配与控制方法，其后对 PMSG 风电系统正常/故障运行特性进行了深入仿真分析，通过设计多种典型低电压/高电压、对称/不对称故障工况，仿真验证了网侧 NSC 可有效提升 PMSG 的运行能力与控制性能。

第7章 NSC取代PMSG全功率变流器研究

在第6章将NSC应用于永磁同步风电系统并取代传统的网侧PWM变换器的基础上,本章尝试开展NSC取代PMSG全功率变流器的研究工作,利用九开关变换器独特的开关器件分时复用技术,使其实现传统背靠背变换器的功能。

7.1 永磁同步风电系统的稳态控制

传统永磁同步直驱风电系统主要由风力机、PMSG、全功率变流器构成。风力机是实现能量转换的传动装置,产生的机械能拖动PMSG运转,定子发出的低频交流电经变换器转变成工频电流后,通过升压变压器并入110kV电网。双PWM全功率变流器将PMSG与电网隔离,机侧变换器控制PMSG的转速以实现最大风能捕获;网侧变换器实现直流侧电压稳定及有功、无功的解耦控制,保证网侧变换器工作在单位功率因数状态。

7.1.1 机侧变换器数学模型

机侧变换器的拓扑结构如图7-1所示。

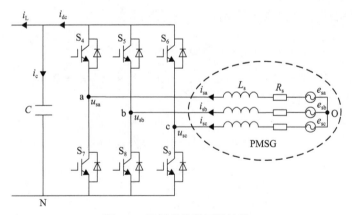

图 7-1 机侧变换器拓扑结构

如图7-1中, $e_{sx}(x=a, b, c)$ 为PMSG永磁体磁链感应电势, i_{sx} 为定子相电流, R_s 为定子电阻, L_s 为定子电感, u_{sx} 为变换器相电压, i_L 为直流侧负载电流, i_c 为电容电流, i_{dc} 为直流电流。

定义各桥臂开关函数 S_x 满足：

$$S_x = \begin{cases} 1, & \text{上开关导通，下开关关断} \\ 0, & \text{下开关导通，上开关关断} \end{cases} \tag{7-1}$$

假设气隙磁场均匀，三相绕组对称，忽略开关器件损耗，根据基尔霍夫电压定律、基尔霍夫电流定律和图 7-1 可得机侧变换器电压方程：

$$\begin{cases} e_{sa} = R_s i_{sa} + L_s \dfrac{di_{sa}}{dt} + u_{sa} \\ e_{sb} = R_s i_{sb} + L_s \dfrac{di_{sb}}{dt} + u_{sb} \\ e_{sc} = R_s i_{sc} + L_s \dfrac{di_{sc}}{dt} + u_{sc} \\ C \dfrac{du_{dc}}{dt} = i_{dc} - i_L \end{cases} \tag{7-2}$$

$$\begin{cases} u_{sa} = u_{aN} + u_{NO} \\ u_{sb} = u_{bN} + u_{NO} \\ u_{sc} = u_{cN} + u_{NO} \end{cases} \tag{7-3}$$

式中，u_{aN}、u_{bN}、u_{cN} 为 a、b、c 处与直流侧 N 点的电势差；u_{NO} 为 N、O 点间的电势差；u_{dc} 为直流侧电容电压。

直流侧电流 i_{dc} 与开关函数 S_a、S_b、S_c 有如下关系：

$$i_{dc} = S_a i_{sa} + S_b i_{sb} + S_c i_{sc} \tag{7-4}$$

发电机三相绕组对称，$e_{sa} + e_{sb} + e_{sc} = 0$，$i_{sa} + i_{sb} + i_{sc} = 0$ 成立，将式(7-1)、式(7-3)、式(7-4)与式(7-2)联立，可得

$$\begin{cases} e_{sa} = R_s i_{sa} + L_s \dfrac{di_{sa}}{dt} + S_a U_{dc} + u_{NO} \\ e_{sb} = R_s i_{sb} + L_s \dfrac{di_{sb}}{dt} + S_b U_{dc} + u_{NO} \\ e_{sc} = R_s i_{sc} + L_s \dfrac{di_{sc}}{dt} + S_c U_{dc} + u_{NO} \\ C \dfrac{du_{dc}}{dt} = S_a i_{sa} + S_b i_{sb} + S_c i_{sc} - i_L \end{cases} \tag{7-5}$$

对式(7-5)进行坐标变换，则可得到两相同步旋转坐标系下的电压方程表达式：

$$\begin{cases} e_{sd} = R_s i_{sd} + L_{sd}\dfrac{di_{sd}}{dt} + S_d U_{dc} + \omega_s L_{sq} i_{sq} \\[3mm] e_{sq} = R_s i_{sq} + L_{sq}\dfrac{di_{sq}}{dt} + S_q U_{dc} - \omega_s L_{sd} i_{sd} \\[3mm] C\dfrac{du_{dc}}{dt} = \dfrac{3}{2}\left(S_d i_{sd} + S_q i_{sq}\right) - i_L \end{cases} \tag{7-6}$$

式中，L_{sd}、L_{sq} 为定子电感 d-q 轴分量；i_{sd}、i_{sq} 为定子电流 d-q 轴分量；ω_s 为 PMSG 同步角速度；S_d、S_q 为开关函数 d-q 轴分量。

7.1.2　机侧变换器控制策略

机侧控制策略以精准的 PMSG 数学模型为基础。机侧变换器实现对 PMSG 的控制，PMSG 是将机械能转换成电能的装置，变换器将产生的交流电压、电流整流成直流量。PMSG 主要采用的控制策略有最大转矩电流比(maximum torque per ampere，MTPA)控制、零 d 轴电流控制和单位功率因数控制等。对隐极电机而言，电机控制可用零 d 轴电流控制策略，d 轴电流为零，且隐极电机 $L_d=L_q$，其磁阻转矩为零，可忽略磁阻转矩的作用。本书所采用的永磁电机为凸极式，其定子电感的 d-q 轴分量 $L_d \neq L_q$，所以电磁转矩与电流之间的关系呈非线性，需要考虑磁阻转矩的作用，显然零 d 轴电流控制不能实现最优的控制。因此，选择最优的 MTPA 控制策略。MTPA 控制使 PMSG 输出转矩一定时，定子电流最小。

下面推导 MTPA 控制方法中各参数之间的关系。

设 γ 为定子电流相量 i_s 与 d 轴之间的相位角，可得

$$\begin{cases} i_{sd} = i_s \cos\gamma \\[2mm] i_{sq} = i_s \sin\gamma \end{cases} \tag{7-7}$$

电磁转矩公式可写为

$$T_e = \frac{3}{2} n_p \psi_f i_s \sin\gamma + \frac{3}{4} n_p \left(L_d - L_q\right) i_s^2 \sin 2\gamma \tag{7-8}$$

从而得到电磁转矩与电流的相位关系：

$$f(\gamma) = \frac{T_e}{i_s} = \frac{3}{2} n_p \psi_f \sin\gamma + \frac{3}{4} n_p \left(L_d - L_q\right) i_s \sin 2\gamma \tag{7-9}$$

设电流 i_s 的幅值恒定，对式(7-9)中 $\partial f(\gamma)/\partial\gamma = 0$ 求导取最大值，可得

$$\left(L_d - L_q\right) i_s \cos 2\gamma + \psi_f \cos\gamma = 0 \tag{7-10}$$

$$\left(L_{\mathrm{d}}-L_{\mathrm{q}}\right)i_{\mathrm{s}}\left(2\cos^{2}\gamma-1\right)+\psi_{\mathrm{f}}\cos\gamma=0 \qquad (7\text{-}11)$$

$$\cos\gamma=\frac{-\psi_{\mathrm{f}}+\sqrt{\psi_{\mathrm{f}}^{2}+8\left(L_{\mathrm{d}}-L_{\mathrm{q}}\right)^{2}i_{\mathrm{s}}^{2}}}{4\left(L_{\mathrm{d}}-L_{\mathrm{q}}\right)i_{\mathrm{s}}} \qquad (7\text{-}12)$$

将式(7-12)代入式(7-7)可得

$$i_{\mathrm{sd}}=\frac{-\psi_{\mathrm{f}}+\sqrt{\psi_{\mathrm{f}}^{2}+8\left(L_{\mathrm{d}}-L_{\mathrm{q}}\right)^{2}i_{\mathrm{s}}^{2}}}{4\left(L_{\mathrm{d}}-L_{\mathrm{q}}\right)} \qquad (7\text{-}13)$$

根据式(7-7)中 i_{sq} 和 i_{sd} 的关系，可以用 i_{sq} 表示 i_{sd}：

$$i_{\mathrm{sd}}=\frac{-\psi_{\mathrm{f}}+\sqrt{\psi_{\mathrm{f}}^{2}+4\left(L_{\mathrm{d}}-L_{\mathrm{q}}\right)^{2}i_{\mathrm{sq}}^{2}}}{2\left(L_{\mathrm{d}}-L_{\mathrm{q}}\right)} \qquad (7\text{-}14)$$

把式(7-14)代入转矩方程中，电磁转矩与 q 轴电流的关系为

$$T_{\mathrm{e}}=\frac{3}{4}n_{\mathrm{p}}i_{\mathrm{sq}}\left[\sqrt{\psi_{\mathrm{f}}^{2}+4\left(L_{\mathrm{d}}-L_{\mathrm{q}}\right)^{2}i_{\mathrm{sq}}^{2}}+\psi_{\mathrm{f}}\right] \qquad (7\text{-}15)$$

机侧变换器采用电机转速外环定子电流内环的闭环控制，控制结构图如图 7-2 所示，转矩电流关系如式(7-14)、式(7-15)所示。

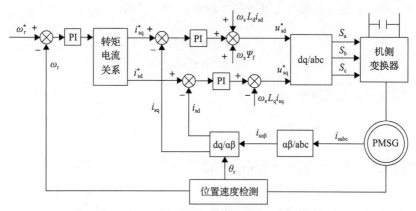

图 7-2 机侧变换器控制结构图

对检测到的 PMSG 实际转速 ω_{r} 与转速目标值 ω_{r}^{*} 进行比较，经 PI 调节器与转矩电流关系，得到 d-q 轴电流参考值 i_{sd}^{*}、i_{sq}^{*}，定子三相电流经坐标变换得到

d-q 轴电流实际值 i_{sd}、i_{sq}，并与电流参考值 i_{sd}^{*}、i_{sq}^{*} 做差，内环实现对目标值的快速跟踪，提高系统响应速度。内环 PI 调节器实现前馈补偿作用，消去式(7-6)中的交叉耦合项实现解耦控制，经 3s/2r 反变换产生脉冲调制信号，以实现对 PMSG 的控制。

7.1.3　网侧变换器数学模型

网侧变换器是实现发电机与电网相连的重要部分，可将直流电压、电流逆变输出为与工频电网一致的交流电。为实现对网侧的有效控制，需要对网侧变换器数学模型进行研究。网侧变换器结构如图 7-3 所示。

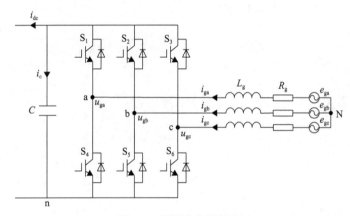

图 7-3　网侧变换器结构

如图 7-3 所示，e_{ga}、e_{gb}、e_{gc} 为电网各相电压，i_{ga}、i_{gb}、i_{gc} 电网各相电流，u_{ga}、u_{gb}、u_{gc} 为变换器侧相电压，L_g 为滤波电感，R_g 滤波器及线路电阻。为方便分析，LC 型滤波器用单电感 L_g 代替。

根据基尔霍夫电压定律，网侧变换器在三相静止坐标系下的数学模型可表示为

$$
\begin{cases}
e_{ga} = R_g i_{ga} + L_g \dfrac{di_{ga}}{dt} + u_{ga} \\[2mm]
e_{gb} = R_g i_{gb} + L_g \dfrac{di_{gb}}{dt} + u_{gb} \\[2mm]
e_{gc} = R_g i_{gc} + L_g \dfrac{di_{gc}}{dt} + u_{gc} \\[2mm]
C \dfrac{du_{dc}}{dt} = S_{ga} i_{ga} + S_{gb} i_{gb} + S_{gc} i_{gc} - i_{dc}
\end{cases}
\tag{7-16}
$$

式中，S_{gx} 为式(7-1)中的开关函数。

u_{nN}为变换器 n 点与中性点 N 间的电势差，因此 u_{ga}、u_{gb}、u_{gc} 为

$$\begin{cases} u_{ga} = S_{ga}U_{dc} + u_{nN} \\ u_{gb} = S_{gb}U_{dc} + u_{nN} \\ u_{gc} = S_{gc}U_{dc} + u_{nN} \end{cases} \tag{7-17}$$

根据基尔霍夫电流定律可知，三相交流电流的和为零，即

$$i_{ga} + i_{gb} + i_{gc} = 0 \tag{7-18}$$

联立式(7-16)~式(7-18)，得

$$u_{nN} = \frac{e_{ga} + e_{gb} + e_{gc}}{3} - \left(\frac{S_{ga} + S_{gb} + S_{gc}}{3} \right) U_{dc} \tag{7-19}$$

因变换器无中性线，没有零序分量，所以有

$$u_{ga} + u_{gb} + u_{gc} = 0 \tag{7-20}$$

$$e_{ga} + e_{gb} + e_{gc} = 0 \tag{7-21}$$

将式(7-21)代入式(7-19)可得

$$u_{nN} = -\left(\frac{S_{ga} + S_{gb} + S_{gc}}{3} \right) U_{dc} \tag{7-22}$$

将式(7-17)与式(7-22)联立，有

$$\begin{cases} u_{ga} = \left(S_{ga} - \dfrac{S_{ga} + S_{gb} + S_{gc}}{3} \right) U_{dc} \\[3mm] u_{gb} = \left(S_{gb} - \dfrac{S_{ga} + S_{gb} + S_{gc}}{3} \right) U_{dc} \\[3mm] u_{gc} = \left(S_{gc} - \dfrac{S_{ga} + S_{gb} + S_{gc}}{3} \right) U_{dc} \end{cases} \tag{7-23}$$

将式(7-23)代入式(7-16)中，可得

$$
\begin{cases}
e_{ga} = R_g i_{ga} + L_g \dfrac{di_{ga}}{dt} + \dfrac{e_{ga} + e_{gb} + e_{gc}}{3} + u_{ga} \\[2mm]
e_{gb} = R_g i_{gb} + L_g \dfrac{di_{gb}}{dt} + \dfrac{e_{ga} + e_{gb} + e_{gc}}{3} + u_{gb} \\[2mm]
e_{gc} = R_g i_{gc} + L_g \dfrac{di_{gc}}{dt} + \dfrac{e_{ga} + e_{gb} + e_{gc}}{3} + u_{gc} \\[2mm]
C \dfrac{du_{dc}}{dt} = S_{ga} i_{ga} + S_{gb} i_{gb} + S_{gc} i_{gc} - i_{dc}
\end{cases}
\tag{7-24}
$$

通过坐标变换，得到式(7-24)在两相同步旋转坐标系下的表达式：

$$
\begin{cases}
e_{gd} = R_g i_{gd} + L_g \dfrac{di_{gd}}{dt} - \omega_g L_g i_{gq} + u_{gd} \\[2mm]
e_{gq} = R_g i_{gq} + L_g \dfrac{di_{gq}}{dt} + \omega_g L_g i_{gd} + u_{gq} \\[2mm]
C \dfrac{du_{dc}}{dt} = \dfrac{3}{2}\left(S_{gd} i_{gd} + S_{gq} i_{gq} \right) - i_{dc}
\end{cases}
\tag{7-25}
$$

式中，e_{gd}、e_{gq} 为电网电压 d-q 轴分量；i_{gd}、i_{gq} 为电网侧电流 d-q 轴分量；u_{gd}、u_{gq} 为变换器侧电压 d-q 轴分量；ω_g 为电网同步角速度。

7.1.4　网侧变换器控制策略

将电网电压矢量 e_g 定向在两相同步旋转坐标系的 d 轴上，q 轴分量为零，可表示为

$$
\begin{cases}
e_{gd} = u_d \\[2mm]
e_{gq} = 0
\end{cases}
\tag{7-26}
$$

将式(7-26)代入式(7-25)，得到网侧变换器两相同步旋转坐标系方程：

$$
\begin{cases}
u_{gd} = -R_g i_{gd} - L_g \dfrac{di_{gd}}{dt} + \omega_g L_g i_{gq} + u_d \\[2mm]
u_{gq} = -R_g i_{gq} - L_g \dfrac{di_{gq}}{dt} - \omega_g L_g i_{gd}
\end{cases}
\tag{7-27}
$$

网侧变换器的有功功率、无功功率表达式可写为

$$
\begin{cases}
P_g = -\dfrac{3}{2}\left(e_{gd} i_{gd} + e_{gq} i_{gq} \right) = -\dfrac{3}{2} e_g i_{gd} \\[2mm]
Q_g = -\dfrac{3}{2}\left(e_{gq} i_{gd} - e_{gd} i_{gq} \right) = -\dfrac{3}{2} e_g i_{gq}
\end{cases}
\tag{7-28}
$$

由式(7-28)可知，采用电网电压定向控制，有功功率由 d 轴电流决定，无功功率由 q 轴电流决定，实现有功和无功的解耦控制，使网侧变换器工作在单位功率因数状态。

网侧变换器采用电压外环电流内环的双闭环控制，控制结构图如图 7-4 所示。

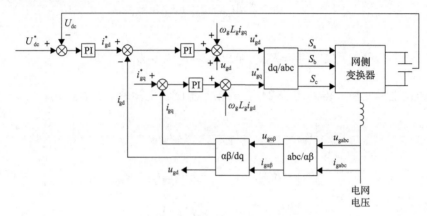

图 7-4　网侧变换器控制结构图

7.2　九开关型永磁同步风电系统电路拓扑

7.1 节分析了传统永磁同步直驱风电系统的稳态控制。本节为减少变换器开关器件，提出采用 NSC 替代常规永磁同步风电系统的背靠背变换器，研究九开关型永磁同步风电系统的运行特点，拓扑结构如图 7-5 所示。

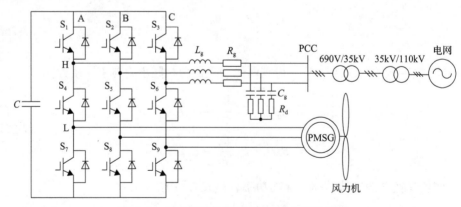

图 7-5　九开关型永磁同步风电系统拓扑结构

在图 7-5 中，PMSG 的定子与 NSC 中 $S_4 \sim S_9$ 构成的等效机侧变换器直接相连，由 $S_1 \sim S_6$ 构成的等效网侧变换器经过升压变压器与电网相连。C 为直流侧电容，

L_g 和 R_g 分别为滤波电感、等效电阻，C_g 和 R_d 分别为滤波电容、阻尼电阻。

7.3　九开关型永磁同步风电系统控制策略

7.1 节详细分析了常规永磁同步风电系统的机侧、网侧变换器数学建模与控制策略。将九开关变换器替代背靠背变换器应用于永磁同步风电系统中，需要对上、下通道调制波加入直流偏置量，以满足上通道调制波幅值大于下通道调制波幅值的条件。由 7.1 节机侧、网侧控制策略得到两组调制信号，中间开关器件驱动信号由逻辑关系得到，加入直流量后可表示为

$$\begin{cases} u_{xH} = U_{xH}\sin(\omega_1 t + \varphi_1) + U_{DC1} \\ u_{xL} = U_{xL}\sin(\omega_2 t + \varphi_2) + U_{DC2} \end{cases} \tag{7-29}$$

式中，U_{xH} 为上通道调制波信号幅值；U_{xL} 为下通道调制波信号幅值；$U_{DC1}=1-U_{xH}$，$U_{DC2}=U_{xL}-1$，$x=a, b, c$。

九开关型永磁同步风电系统控制策略如图 7-6 所示。

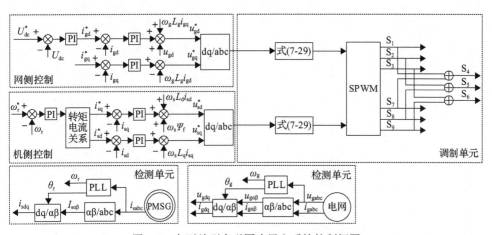

图 7-6　九开关型永磁同步风电系统控制框图

7.4　不同运行工况仿真分析

为验证 NSC 在永磁同步风电系统中的性能，在 MATLAB/Simulink 下建立基于 NSC 的永磁同步风电系统仿真模型，系统在变速恒频运行下的仿真模型如图 7-7 所示，参数见表 7-1。

风力机、PMSG、电网侧各部分仿真结果如图 7-8 所示。

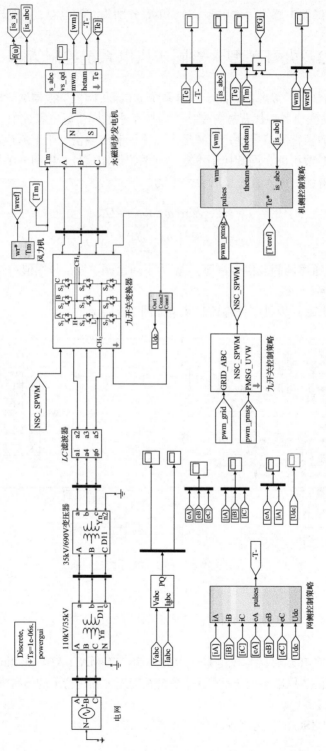

图 7-7　九开关型永磁同步风电系统仿真模型图

表 **7-1**　九开关型永磁同步风电系统模型参数

参数	数值
额定风速 v	9m/s
风力机叶片半径 R	56.5m
PMSG 额定功率 P_s	2MW
极对数 n_p	44
转子额定转速 n_N	14r/min
定子端电压 U_s	690V
转子磁链 ψ_f	8.767Wb
直轴电感 L_d	0.00273H
交轴电感 L_q	0.00301H

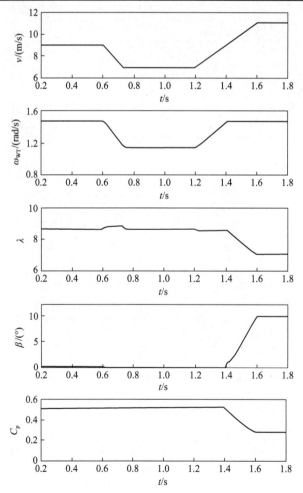

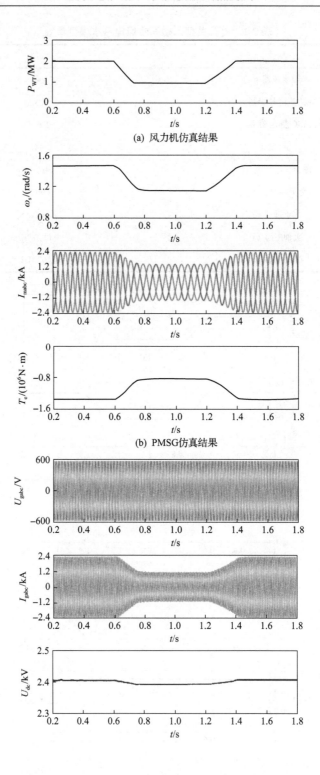

(a) 风力机仿真结果

(b) PMSG仿真结果

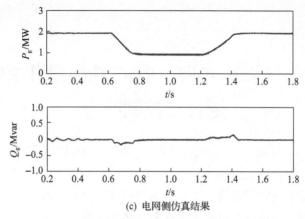

(c) 电网侧仿真结果

图 7-8　九开关型永磁同步风电系统仿真波形

由图 7-8(a)可以看出，额定风速为 9m/s，到 0.75s 时风速下降到 7m/s，随后在 1.6s 时逐渐上升到 11m/s。风力机的转速能快速跟随风速的变化，当超过额定风速以后，变桨装置启动，桨距角 β 变为 10°，将风力机输出功率限制在 2MW 以内。风能利用系数 C_p 在额定风速下为 0.51，叶尖速比 λ 为 8.8。当超过额定风速时，C_p 和 λ 有所下降。由图 7-8(b)可知，PMSG 转子转速和定子电流幅值随风速的变化而变化，定子电流频率在额定转速下保持在 10.3Hz，与发电机定子的 44 对的极对数理论一致。由图 7-8(c)可知，PMSG 输出有功功率 P_g 的变化与风速变化保持一致，在额定风速下，功率达到额定功率 2MW，风速在 7m/s 时，发电机输出功率下降到 1MW，风速达到 11m/s 时，由于桨距角调节作用，输出功率限幅在 2MW，无功功率 Q_g 基本保持为零，直流母线电压基本稳定在 2400V。

本章在介绍直驱式永磁同步风电系统机侧、网侧变换器数学模型与控制策略的基础上，提出 NSC 取代 PMSG 全功率变流器方案，后续分析了九开关型永磁同步风电系统电路拓扑与控制策略，最后针对不同风速工况进行了 2MW PMSG 仿真分析，验证了所提方案的正确性和有效性。

第8章　NSC 实现 UPQC 功能提升 PMSG 运行与控制能力

在第 5 章利用 NSC 实现 UPQC 功能，进而实现 DFIG 的故障穿越运行与电能质量控制一体化的基础上，本章将其延拓应用于永磁同步直驱式风电系统，并设计了多种典型电压故障和谐波工况，仿真验证九开关型 UPQC 实现永磁同步直驱式风电系统故障穿越运行与电能质量控制一体化功能。

8.1　NSC 与 PMSG 一体化拓扑结构

九开关型 UPQC 可以解决多种电网故障工况、电压谐波及 PMSG 侧出现谐波等问题。九开关型 UPQC 改善直驱风电电能质量拓扑结构如图 8-1 所示。针对不同电网故障工况进行仿真验证，根据电网电压出现的电压质量及风机侧谐波问题的不同，选取不同的应对策略模式[66,67]。

8.2　无附加措施下永磁同步直驱式风电系统的运行特性

首先，对不加任何故障穿越装置及卸荷电路的永磁同步直驱式风电系统进行故障运行特性模拟，观察电网电压不对称故障工况下永磁同步直驱式风电系统电气量的变化。模拟电网电压在 0.4～0.7s 内不对称跌落 80%，如图 8-2 所示。网侧电流 I_g 不对称且幅值增大，机侧电流 I_m 基本维持不变，风机发出的有功功率 P_{PMSG} 及无功功率 Q_{PMSG} 出现大幅值二倍频波动，直流侧电压 U_{dc1} 线性成倍增大，将触发风电机组保护性切机。

观察电网电压不对称故障工况下永磁同步直驱式风电系统电气量的变化，模拟电网电压在 0.4～0.7s 内对称跌落 80%，如图 8-3 所示。网侧电流 I_g 幅值增大且出现振荡，机侧电流 I_m 发生轻微振荡，风机发出的有功功率 P_{PMSG} 在电压恢复时出现振荡，无功功率 Q_{PMSG} 在 0.5s 后出现振荡且随时间逐渐加剧，直流侧电压 U_{dc1} 增大为稳态时 4 倍，将触发风电机组保护性切机。

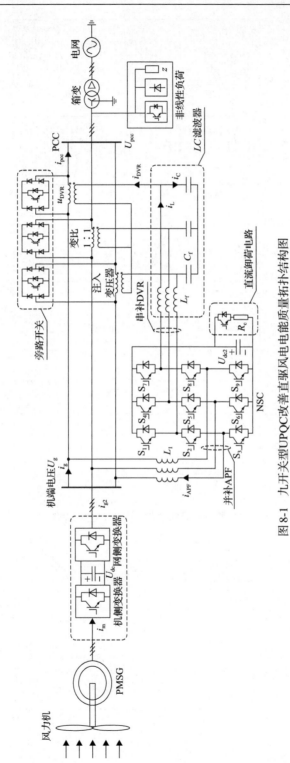

图 8-1　九开关型 UPQC 改善直驱风电电能质量拓扑结构图

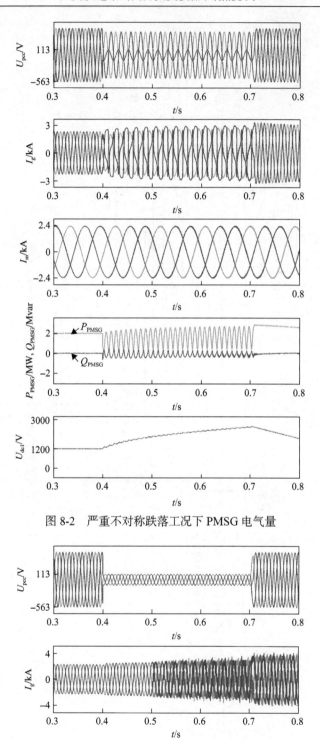

图 8-2　严重不对称跌落工况下 PMSG 电气量

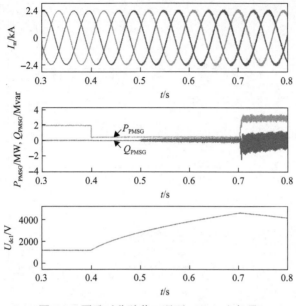

图 8-3　严重对称跌落工况下 PMSG 电气量

8.3　采用直流卸荷电路时永磁同步直驱式风电系统故障穿越运行特性

当电网出现严重故障时，采用直流卸荷电路可实现低电压穿越运行，下面通过仿真进行验证。仿真模拟电网电压在 0.4～0.7s 内通过直流卸荷电路使永磁同步直驱式风电系统在严重不对称故障工况下实现低电压穿越，如图 8-4 所示。网侧电流 I_g 仍有二倍频分量，导致风机发出的有功功率 P_{PMSG}、无功功率 Q_{PMSG} 出现二倍频振荡，机侧电流 I_m 未发生明显变化，直流母线电压出现二倍频波动且在故障发生的起止时刻振荡较为突出。尽管可以实现低电压穿越运行，但风机并网会

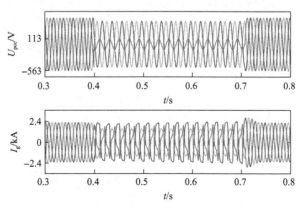

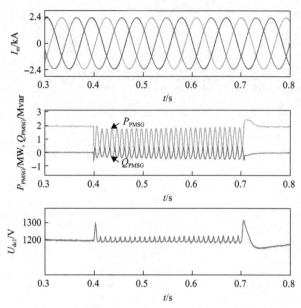

图 8-4　直流卸荷电路应对严重不对称跌落的仿真结果

使电网的功率出现振荡。

同时，仿真模拟电网电压在 0.4～0.7s 内通过直流卸荷电路使永磁同步直驱式风电系统在严重对称故障工况下实现低电压穿越，如图 8-5 所示。网侧电流 I_g 在故障发生的起止时刻出现暂态现象，机侧电流 I_m 未发生明显变化，直流母线电压维持在 1200V 且在故障发生的起止时刻出现明显波动。因此，电压对称跌落 80% 工况下通过直流卸荷电路直驱风电机组可以实现低电压穿越运行。

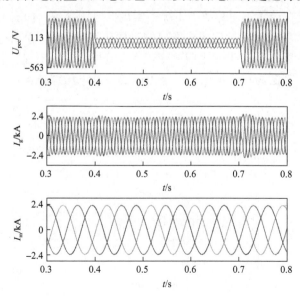

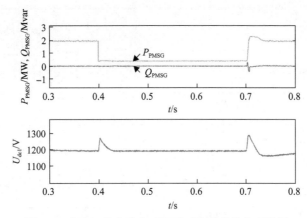

图 8-5　直流卸荷电路应对严重对称跌落的仿真结果

8.4　九开关型 UPQC 治理永磁同步直驱式风电系统电能质量仿真验证

8.4.1　治理直驱风机侧严重电流谐波问题

当电网侧无任何电压质量问题即并网点电压 U_{pcc} 正常时，关闭电压补偿单元，仅开启电流补偿单元应对风机侧谐波问题。为验证九开关型 UPQC 对风机侧谐波的补偿效果，在 0.1~0.3s，通过仿真模拟在风机侧注入 5 次与 7 次谐波，风机侧电流为 I_{load}，其总谐波畸变率（THD）为 24.28%。为前后对比，设置 0.1~0.2s 期间不投入电流补偿单元，0.2~0.3s 期间投入电流补偿单元。由于三相对称，九开关变换器的调制波及载波以 a 相为例，如图 8-6 所示，经过九开关型 UPQC 补偿后，

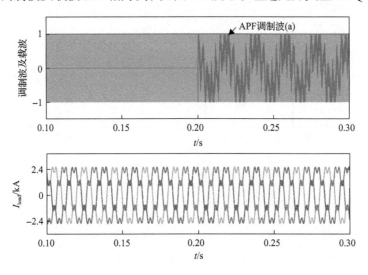

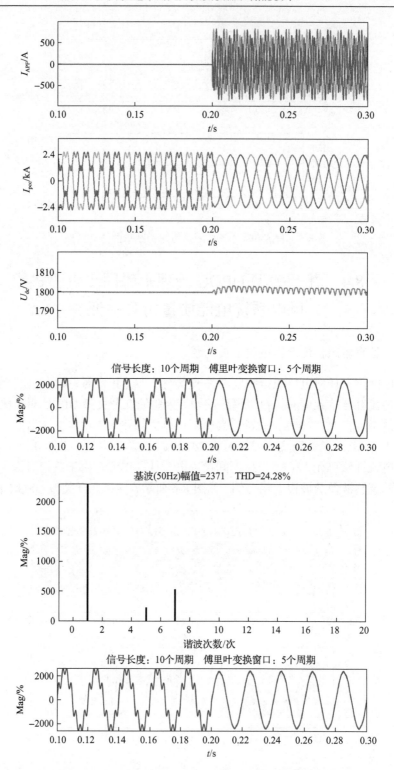

信号长度：10个周期　　傅里叶变换窗口：5个周期

基波(50Hz)幅值=2371　　THD=24.28%

信号长度：10个周期　　傅里叶变换窗口：5个周期

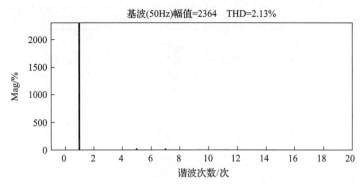

图 8-6　九开关型 UPQC 治理直驱风机侧严重谐波问题的仿真波形

I_{pcc} 恢复正常，THD 降为 2.13%，补偿效果显著，直流母线电压仅出现小幅波动。由此可见，九开关型 UPQC 可以有效治理风机侧出现的严重谐波问题。

8.4.2　综合治理永磁同步直驱式风电系统多种电能质量问题

为验证九开关型 UPQC 治理多种电能质量问题的效果，通过仿真模拟电网电压 U_{pcc} 存在 5 次及 7 次谐波，同时在 0.3～0.5s 期间发生欠电压，风机侧电流 I_{load} 带有 5 次谐波。设置 0.2s 后开启电压与电流补偿单元以此形成对比，由于三相对称，九开关变换器的调制波及载波以 a 相为例，如图 8-7 所示，可知经过电压补偿 U_{DVR} 与电流补偿 I_{APF} 后网侧电压 U_g 与网侧电流 I_g 恢复到正常状态，网侧电流 I_g 在跌落发生瞬间出现暂态现象；并网点电流 I_{pcc} 恢复标准正弦，在欠电压期间为维持能量守恒电流幅值会增大；机侧电流 I_m 为标准正弦；风机发出的有功功率 P_{PMSG} 维持在 2MW，仅在补偿单元开启时刻出现暂态现象，无功功率 Q_{PMSG} 基本为 0Mvar。并网点有功功率 P_{pcc} 维持在 2MW，在补偿单元开启时刻及欠电压发生的起止时刻出现波动；直流母线电压出现 30V 左右的波动。九开关型 UPQC 综合治理多种电能质量问题的效果显著。

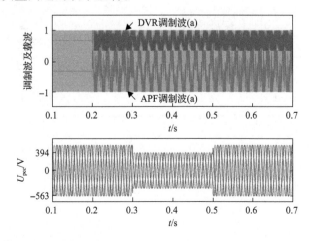

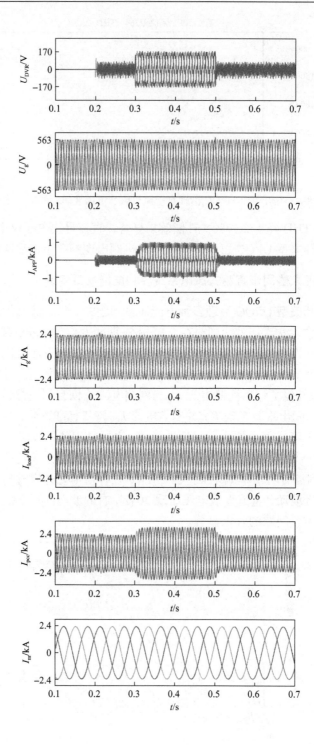

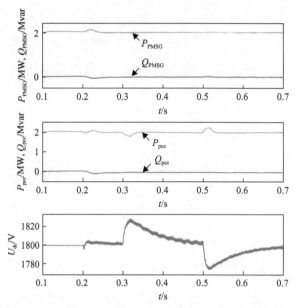

图 8-7　九开关型 UPQC 综合治理直驱风系统多种电能质量问题的仿真波形

8.4.3　提升直驱风电系统故障穿越运行能力研究

1. 电网电压轻度跌落、骤升工况下故障穿越仿真结果

为验证九开关型 UPQC 在电网电压轻度跌落、骤升工况下故障穿越的有效性，通过仿真模拟电网电压在 0.2～0.4s 期间发生三相对称骤升 30%、0.6～0.8s 期间发生三相对称跌落 30%、1～1.2s 期间发生不对称跌落 30%。由于不对称故障的存在，九开关变换器的 a、b、c 相调制波及载波如图 8-8 所示，可知 1～1.2s 期间内由于 a 相电压仅发生微小变化，因此 DVR 的调制比很小，而 b、c 相发生 30%跌落，因此需增大 DVR 调制比来满足所需补偿的电压，其他情况下三相对称九开关的调制波 a、b、c 相相同。因此通过九开关型 UPQC 补偿后网侧电压 U_g 与网侧电流 I_g 基本恢复到正常状态；并网点电流 I_{pcc} 恢复标准正弦，根据能量守恒原则电压骤升时并网点电流增大，电压跌落时并网点电流降低；机侧电流 I_m 为标准正弦；风机发出的有功功率 P_{PMSG} 维持在 2MW，无功功率 Q_{PMSG} 为 0Mvar。并网点有功功率 P_{pcc} 维持在 2MW，仅在电压骤升及跌落起止时刻出现波动；在电网正常时直流母线电压维持 1800V，电网发生对称故障时直流母线电压出现 30V 左右波动，在不对称跌落过程中直流母线电压出现二倍频振荡。九开关型 UPQC 可以辅助直驱风电机组实现轻度故障穿越运行。

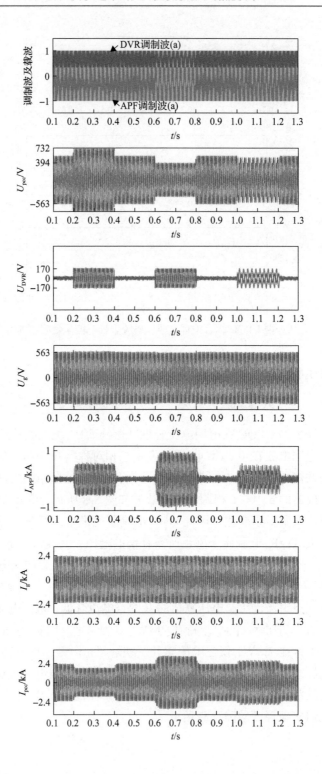

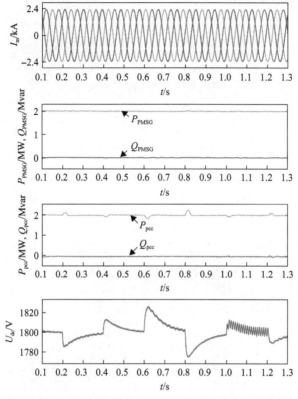

图 8-8　电网电压轻度跌落、骤升工况下故障穿越仿真波形

2. 电网电压严重对称跌落工况下 LVRT 仿真结果

为验证九开关型 UPQC 应对电网发生严重对称跌落时的补偿效果，通过仿真模拟了电网电压在 0.2～0.825s 期间对称跌落 80%。严重对称故障时风机侧发出的有功功率与网侧的有功功率严重不匹配，导致有功功率经过九开关变换器传递到直流侧，直流侧电容储存的能量有限使直流母线电压迅速抬高，为避免直流电压抬高引起转子电流升高而烧毁电机，在直流侧并入直流卸荷电路，通过直流卸荷电阻消耗掉多余的能量，从而使直流母线电压、转子电流及网侧电流恢复到正常状态；由于三相对称，九开关变换器的调制波及载波以 a 相为例，经过补偿后的结果如图 8-9 所示，网侧电压 U_g、网侧电流 I_g、机侧电流 I_m 恢复到正常状态；风机发出的有功功率 P_{PMSG} 维持在 2MW，无功功率 Q_{PMSG} 为 0Mvar，仅在故障发生时刻出现微小波动；并网点有功功率 P_{pcc} 下降至 0.4MW，无功功率 Q_{pcc} 维持在 0Mvar；直流母线电压维持在 1800V，仅在电压跌落发生瞬间出现暂态现象。九开关型 UPQC 可以实现永磁同步直驱式风电系统在严重对称故障工况下的 LVRT。

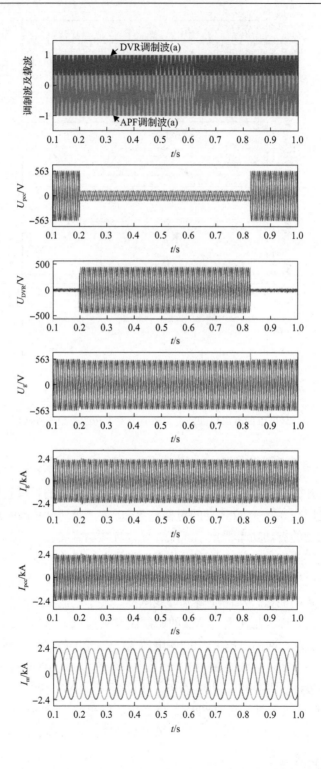

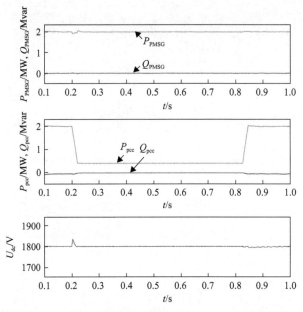

图 8-9　电网电压严重对称跌落工况下 LVRT 仿真波形

3. 电网电压严重不对称跌落工况下 LVRT 仿真结果

为验证九开关型 UPQC 应对严重不对称跌落工况的有效性，设计电网电压在 0.2~0.825s 期间发生 AB 相间短路。由于不对称故障的存在，九开关变换器的 a 相调制波及载波如图 8-10 所示，经过九开关型 UPQC 补偿后的结果如图 8-10 所示，网侧电压 U_g、网侧电流 I_g、机侧电流 I_m 恢复到正常状态；风机发出的有功功率 P_{PMSG} 维持在 2MW，无功功率 Q_{PMSG} 为 0Mvar，并在故障发生时刻出现微小波动；并网点有功功率 P_{pcc} 下降至约 1.2MW，无功功率 Q_{pcc} 为 0Mvar；直流母线电压维持在 1800V，仅在电压跌落发生瞬间出现暂态现象，在故障结束后出现微小波动，但不影响系统稳定运行。九开关型 UPQC 可以辅助永磁同步直驱式风电系统实现 LVRT。

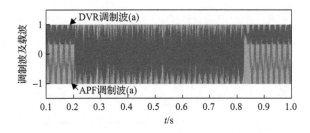

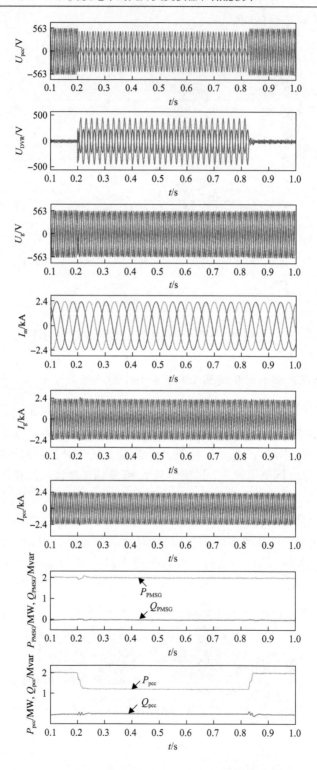

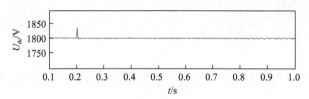

图 8-10　电网电压严重不对称跌落工况下 LVRT 仿真波形

　　本章首先对不加任何故障穿越装置与直流卸荷电路的永磁同步直驱式风电系统进行了仿真，在严重对称/不对称故障下均将触发风电机组保护性切机。然后对采用直流卸荷电路的永磁同步直驱式风电系统在同等故障下的运行特性进行了仿真分析。最后对九开关型 UPQC 治理不同电能质量问题进行了详细的仿真分析，仿真结果表明九开关型 UPQC 可以治理风机侧存在严重电流谐波问题、综合治理多种电能质量问题且不影响电网的并网功率稳定，对比分析充分说明：九开关型 UPQC 可维持永磁同步直驱式风电系统机端电压稳定并辅助实现故障穿越运行与电能质量控制一体化。

第9章 NSC 改善混合分散式风电运行与控制

分散式风电靠近负荷，接入点电网支撑薄弱，大容量旋转设备的启停、非线性负载的使用及电网故障等因素均可能导致电网电压升高、跌落、不平衡、谐波等电能质量问题。在分散式风电场景中，更高的风电穿透功率对风电机组的故障电压穿越能力及电能质量提出更高要求。本章主要研究在多种故障工况下，九开关型 UPQC 应用于分散式双馈-直驱混合风电系统的电能质量改善效果。在"串补电压"思路的基础上，提出采用九开关变换器优化分散式双馈-直驱混合风电在电网电压跌落、不对称、谐波等工况下穿越运行性能的方案，并通过三次谐波注入、调制比优化分配策略，提高九开关变换器直流侧电压利用率[68,69]。设计电压/电流谐波工况、电压轻度对称跌落骤升工况、电压轻度不对称跌落工况、电压严重不对称跌落工况和电压严重对称跌落多种工况等，进行系统级精细化仿真验证分析。

9.1 九开关型 UPQC 与双馈-直驱混合风电一体化系统

UPQC 应用于风电系统柔性故障穿越时，其典型结构为动态电压恢复器 (DVR) 和有源滤波器 (APF) 以背靠背变换器形式组合，该拓扑结构可通过 APF 维持 DVR 直流侧电压，对电网电压升高、跌落工况具有普遍适用性，补偿电压的同时实现有源滤波、无功补偿等电流补偿功能。九开关型 UPQC 与双馈-直驱混合风电一体化系统中，DFIG 的定子和网侧变换器与 PMSG 的网侧变换器并联。在风电机组与升压变压器之间接入九开关型 UPQC。变换器桥臂上侧中点输出补偿电压，经 LC 滤波电路后，由注入变压器实现补偿电压与电网电压叠加，旁路开关在电网电压正常时可将注入变压器短接，停用电压补偿功能。变换器桥臂下侧中点输出补偿电流，经滤波电抗器并入风电机组网侧变换器输出线路。具体拓扑结构图如图 9-1 所示。

9.2 九开关型 UPQC 控制策略设计及优化

9.2.1 九开关型 UPQC 整体控制策略

电网电压在非理想工况下往往包含正序过压、正序欠压、负序和谐波的一种或几种组合。此时补偿电压 U_{DVR} 为正序电压偏差量 ΔU_{1abc}、负序电压 ΔU_{-1abc} 和谐

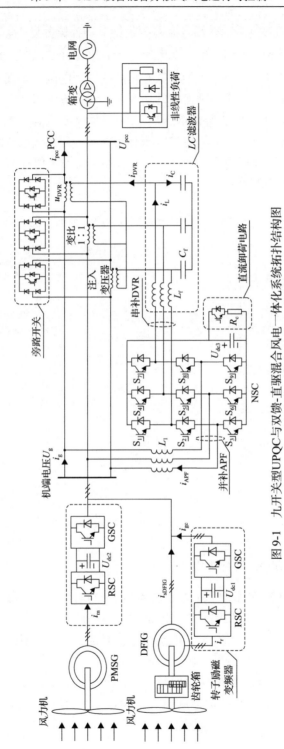

图 9-1　九开关型 UPQC 与双馈-直驱混合风电一体化系统拓扑结构图

波电压 ΔU_{nabc} 之和的负值。补偿电流 I_{APF} 包括有功补偿分量 ΔI_P、无功补偿分量 ΔI_Q 和谐波补偿分量 I_{nabc} 的负值。在电压补偿和电流补偿同时工作时，通过调节有功补偿分量可将电压补偿产生的差额有功功率送入电网，实现九开关变换器直流侧电压稳定。在负载电流出现谐波的情况下，通过输出谐波电流的负值，实现谐波消除。九开关型 UPQC 补偿电压 U_{DVR} 和补偿电流 I_{APF} 的控制是实现优化分散式混合风电系统运行的关键。通过电压补偿方式实现风电系统故障电压穿越，机端电压在穿越期间保持稳定。补偿电压、补偿电流参考值分别为 U'_{DVR} 和 I'_{APF}，整体控制策略如图 9-2 所示。

$$U'_{DVR} = -\Delta U_{1abc} - U_{-1abc} - U_{nabc} \tag{9-1}$$

$$I'_{APF} = \Delta I_P + \Delta I_Q - I_{nabc} \tag{9-2}$$

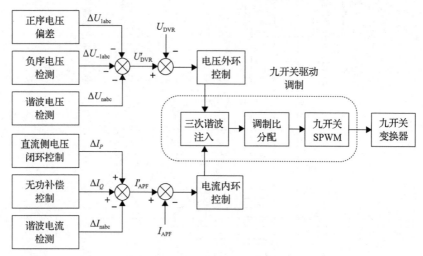

图 9-2　九开关型 UPQC 整体控制策略

9.2.2　九开关型 UPQC 调制优化

在九开关 SPWM 策略中，通过初始调制信号与对应的三次谐波信号叠加降低调制信号幅值，进而在避免调制失真的前提下提高调制比。九开关变换器为三相三线制 VSI，无中性线且三相对称的电路结构有极大的零序阻抗，可自然滤除三次谐波分量，还原初始调制波。以上通道为例，将调制信号 U_{ra} 与 k 倍对应相位的三次谐波进行叠加成为新的调制信号 U'_{ra}。通过求解 U'_{ra} 幅值的最小值，可知在 $k=1/6$ 时，可将调制信号幅值缩减为原来的 $\sqrt{3}/2$，使得电压利用率由 0.886 提高为 1。

$$U_{ra} = U_{ram}\cos(\omega t) \tag{9-3}$$

$$U'_{ra} = U_{ram}\cos(\omega t) + kU_{ram}\cos(3\omega t) \tag{9-4}$$

调制方式如图 9-3 所示。将三次谐波注入嵌入 d-q 坐标反变换过程中，依据当前 d-q 轴电压值 U_d、U_q，计算幅值 U_m 和相位角 θ，工程控制器设计可使用查表法求解补偿角度 θ_c。

$$\theta_c = \arctan\frac{U_d}{U_q} \tag{9-5}$$

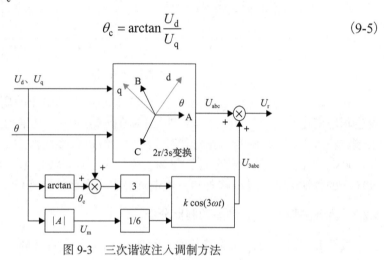

图 9-3　三次谐波注入调制方法

通过实时相位角和幅值计算得到的三次谐波量，可实现在基波幅值相位变化时注入三次谐波最优。

通过仿真对所提策略进行验证，结果如图 9-4 所示。

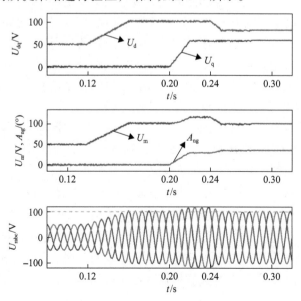

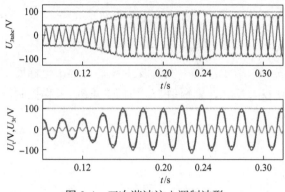

图 9-4　三次谐波注入调制波形

在 d-q 轴调制参考信号 U_d 和 U_q 变化时，对应调制电压的幅值 U_m 和相位 A_{ng} 发生相应变化。在 0.2～0.24s，调制电压幅值 U_{rabc} 由 100V 增加至 116V，通过三次谐波注入方式，将调制信号与其对应三次谐波进行叠加得 U_{3tabc}，其最大幅值降至 100V。此时，以初始信号计算得调制比约为 1.16。波形 U_t、U_{3t} 显示了三次谐波注入的叠加细节，基波峰谷与三次谐波峰谷反向叠加，降低了调制波幅值。

9.2.3　九开关型 UPQC 动态调制比分配

按照九开关变换器双约束条件，九开关变换器上通道调制参考信号应大于下通道调制参考信号。为满足上述约束，对上下通道调制信号直流偏置后进行限幅，也即限制对应通道最大调制比。

在九开关型 UPQC 应用场景下，变换器上通道用于电压补偿，其输出电压随电网电压偏离额定值程度的增加而增大；变换器下通道用于电流补偿，为控制无功双向流动，输出电压在电网电压附近调整。从风电系统故障穿越运行的角度看，电压补偿的重要性高于电流补偿。因此，在电压跌落工况下，优先保证电压补偿的调制比分配，在电网电压正常工况下，为电流补偿分配较大调制比范围，依据二者的差异化分配原则，本书作者团队设计了调制比随电网电压变化的动态分配方法，避免同时以二者最大需求配置直流侧电压。

电网电压正常时，上通道关闭，分配上通道调制比限幅 m_a 为 0.2，下通道调制比限幅 m_x 为 0.8，为电流补偿侧提供足够的输出电压。此时九开关变换器实现电流补偿功能，包括无功补偿、谐波电流补偿等功能。在电压偏差的绝对值 $|U_{dev}|$ 在 20% 以内时，保持上述调制比；当电压偏差的绝对值 $|U_{dev}|$ 在 20%～40% 时，随电压偏差程度加深，增加上通道调制比限幅分配值，降低下通道调制比限幅分配值，为电压补偿侧提供与跌落情况匹配的输出电压，此时九开关变换器电压补偿、电流补偿功能同时启用；当电压偏差绝对值超过 40% 时，关闭下通道，分配调制比限幅 $m_a=1$，$m_x=0$，此时九开关变换器起电压补偿作用，维持分散式风电机组故

障电压穿越。调制比限幅函数为

$$\begin{cases} m_a = 0.2, m_x = 0.8, & |U_{dev}| \leqslant 20\% \\ m_a = |U_{dev}|, m_x = 1 - |U_{dev}|, & 20\% < |U_{dev}| \leqslant 40\% \\ m_a = 1, m_x = 0, & 40\% < |U_{dev}| \leqslant 100\% \end{cases} \tag{9-6}$$

调制比限幅 m_x 随电压偏差 U_{dev} 的变换如图 9-5 所示。电压跌落工况下,电压补偿吸收有功。当 $|U_{dev}| \leqslant 40\%$ 时,电压补偿有功通过电流补偿送入电网,系统整体有功无损耗;当 $|U_{dev}| > 40\%$ 时,启动直流卸荷电路,电压补偿有功通过直流卸荷电路耗散,降低九开关变换器和输电线路载流压力;电网电压升高工况反之。

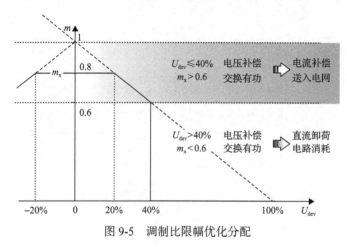

图 9-5　调制比限幅优化分配

9.3　多种故障工况下双馈-直驱混合风电一体化系统的运行特性

为对比九开关型 UPQC 改善双馈-直驱混合风电一体化系统电能质量的效果,首先对不采取各种故障穿越措施及投运直流卸荷电路的混合风电系统在故障工况下进行仿真,观察混合风电系统相关的电气量变化。

模拟电网电压发生轻度不对称跌落工况,设计了在 0.4~0.6s 期间,箱变 35kV侧电网电压发生 B 相不对称跌落 30%,混合风电系统的相关电气量变化仿真结果如图 9-6 所示。

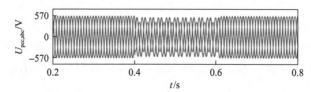

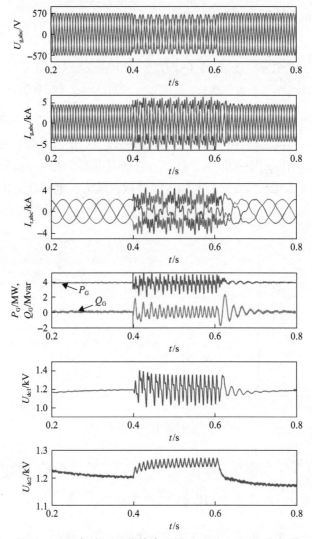

图 9-6　电网轻度不对称故障工况下 DFIG-PMSG 电气量

由图 9-6 可看出，双馈-直驱风电机端并联点电压 $U_{g,abc}$ 在 0.4s 时开始出现不对称跌落，机端并联点电流 $I_{g,abc}$ 的幅值增大且出现波动，DFIG 转子电流 $I_{r,abc}$ 在故障期间波形发生严重畸变且幅值增大，影响转子变频器使用寿命，DFIG-PMSG 联合发出的有功功率 P_G 及无功功率 Q_G 由于电网不对称故障而产生二倍频波动，DFIG 直流侧电压 U_{dc1} 和 PMSG 直流侧电压 U_{dc2} 幅值增大且出现二倍频波动。

为研究电网电压发生轻度对称故障时，对于双馈-直驱混合风电一体化系统电气量变化的影响，设计了在 0.4～0.6s 期间，箱变 35kV 侧三相电压轻度对称跌落至 70%。双馈-直驱混合风电一体化系统的相关电气量变化仿真结果如图 9-7 所示。

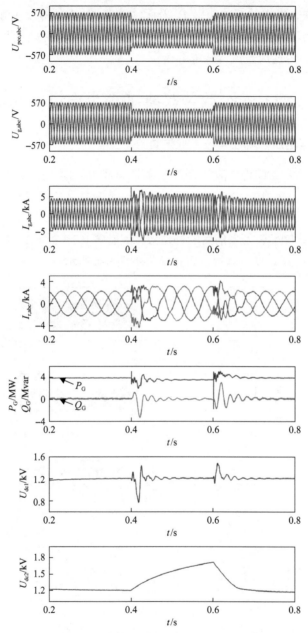

图 9-7　电网轻度对称故障工况下 DFIG-PMSG 电气量

由图 9-7 可知，机端并联点电压 $U_{g,abc}$ 在 0.4～0.6s 期间发生轻度对称跌落，机端并联点电流 $I_{g,abc}$ 在故障期间幅值增大且在故障开始和结束时波动剧烈，DFIG 转子电流 $I_{r,abc}$ 在故障期间幅值增大，同样在故障开始和结束时出现剧烈波动，

DFIG-PMSG 联合发出的有功功率 P_G 及无功功率 Q_G 在故障发生和切除时波动剧烈，DFIG 的直流侧电压 U_{dc1} 和 PMSG 的直流侧电压 U_{dc2} 在故障期间出现过电压，若不采取措施，可造成直流母线电容击穿。

9.4　九开关型 UPQC 改善双馈-直驱混合风电电能质量仿真

9.4.1　综合治理电压、电流谐波工况仿真

为验证九开关型 UPQC 治理双馈-直驱混合风电机端电压谐波、并网点电流谐波的效果，设计了在 0.3～0.5s 内，通过非线性负载并结合可编程电源模拟在机端并联点处注入 5 次和 7 次电流谐波，在并网点处注入包含 5 次和 7 次的电压谐波。为对比九开关型 UPQC 投入前后的补偿效果，设置 0.3～0.5s 期间 UPQC 不工作，在 0.5s 时 UPQC 开始投入运行，仿真结果如图 9-8 所示。

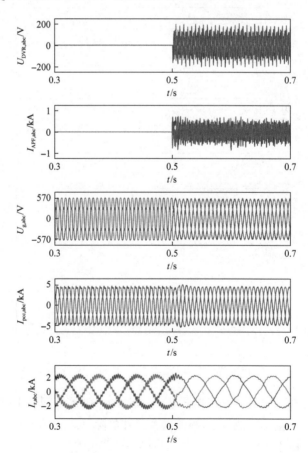

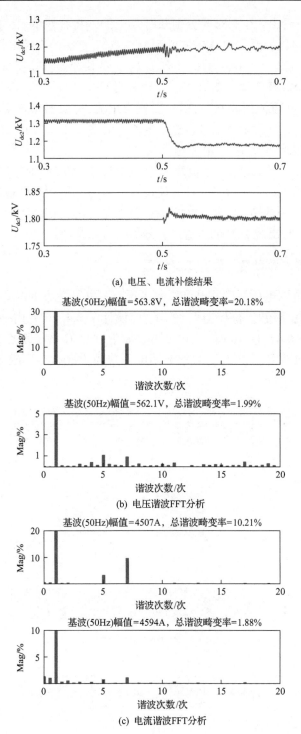

(a) 电压、电流补偿结果

基波(50Hz)幅值=563.8V，总谐波畸变率=20.18%

基波(50Hz)幅值=562.1V，总谐波畸变率=1.99%

(b) 电压谐波FFT分析

基波(50Hz)幅值=4507A，总谐波畸变率=10.21%

基波(50Hz)幅值=4594A，总谐波畸变率=1.88%

(c) 电流谐波FFT分析

图 9-8　九开关型 UPQC 对双馈-直驱系统谐波电压、电流补偿仿真结果

由图 9-8 可看出，在 0.5s 时分别开启 APF、DVR 补偿单元，补偿前后的波形变化形成明显对比。受到电压谐波的影响，双馈-直驱混合风电机端并联点电压 $U_{g,abc}$ 波形发生畸变，在 0.5s 前机端电压 $U_{g,abc}$ 的快速傅里叶变换（FFT）频谱分析显示其电压总谐波畸变率为 20.18%，九开关型 UPQC 投入后，电压总谐波畸变率下降为 1.99%；在电流谐波的影响下，并网点电流 $I_{pcc,abc}$ 波形畸变明显，0.5s 以前并网点电流 $I_{pcc,abc}$ 的 FFT 频谱分析显示电流总谐波畸变率为 10.21%，UPQC 投入运行后，$I_{pcc,abc}$ 波形恢复正常，电流总谐波畸变率变为 1.88%，补偿效果明显。DFIG 的转子电流 $I_{r,abc}$ 在谐波电压、电流影响下，在未投入 UPQC 时波形畸变严重，0.5s 后波形畸变情况得到了改善。DFIG 直流母线电压 U_{dc1} 和 PMSG 直流母线电压 U_{dc2} 在 0.5s 前有六倍频振荡，投入 UPQC 后得到抑制。九开关型 UPQC 直流母线电压 U_{dc3} 在投入运行时出现 20V 的过电压，随后恢复正常值。

9.4.2　电压轻度对称跌落、骤升工况仿真

为验证在电网电压轻度骤升和跌落工况下，九开关型 UPQC 实现双馈-直驱混合风电一体化系统故障穿越运行的能力，设计了 0.4～0.6s 内 PCC 电压对称升高至 130%、在 0.8～1s 内模拟三相短路故障造成 PCC 电压跌落 30%，0.2～0.4s 混合风电系统正常工作，与之后的电网电压故障工况状态形成对比，仿真结果如图 9-9 所示。

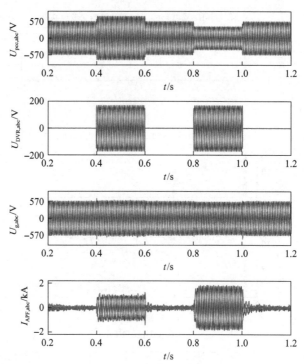

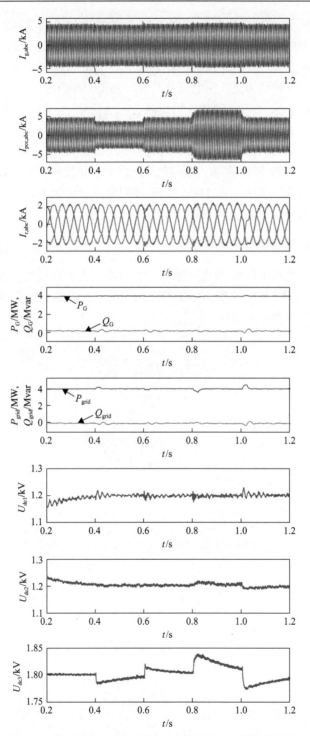

图 9-9　九开关型 UPQC 对轻度对称骤升、跌落补偿结果

由图 9-9 可知，PCC 电压幅值在 0.4～0.6s 内对称升高至 732V，在 0.8～1s 内对称跌落至 395V，DVR 注入的补偿电压 $U_{DVR,abc}$ 和 APF 注入的补偿电流 $I_{APF,abc}$ 分别使机端并联点电压 $U_{g,abc}$ 和机端并联点电流 $I_{g,abc}$ 波形基本保持不变。由能量守恒原则，并网点电流 $I_{pcc,abc}$ 在电压升高时，幅值减小；电压跌落时，幅值增大。DFIG 转子电流 $I_{r,abc}$，DFIG-PMSG 机组联合有功功率 P_G、无功功率 Q_G，并网点有功功率 P_{grid}、无功功率 Q_{grid}，DFIG 直流侧电压 U_{dc1}，PMSG 直流侧电压 U_{dc2} 在故障开始及结束时出现短暂波动。当电网电压发生 30% 的骤升故障时，UPQC 直流侧电压 U_{dc3} 出现 20V 暂降；电网电压跌落时，情况则相反，UPQC 直流侧电压 U_{dc3} 出现 40V 的过电压。在两种电网轻度对称故障工况下，九开关型 UPQC 补偿机端电压、改善并网点电流效果显著。

9.4.3　电压严重不对称跌落工况仿真

为验证九开关型 UPQC 对于严重不对称故障工况的有效性，设计电网电压在 0.4～0.7s 内发生 BC 相间跌落 80% 故障工况，在九开关型 UPQC 和直流卸荷电路联合运行下，结果如图 9-10 所示。

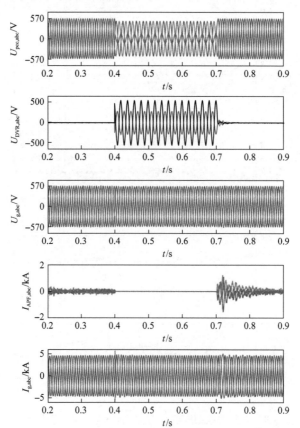

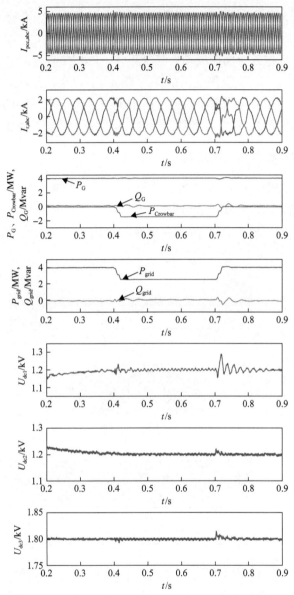

图 9-10　九开关型 UPQC 对严重不对称跌落的补偿结果

由图 9-10 可知，由于电压严重跌落，在 0.4s 时需要直流卸荷电路投入运行，APF 退出运行，故障期间 $I_{APF,abc}$ 为 0，九开关型 UPQC 只启用 DVR。机端并联点电压 $U_{g,abc}$、机端并联点电流 $I_{g,abc}$、PCC 电流 $I_{pcc,abc}$ 维持正常运行状态，DFIG 转子电流 $I_{r,abc}$ 在故障开始及结束时出现轻微波动。DFIG-PMSG 联合有功功率 P_G 保持在 4MW，无功功率 Q_G 基本为 0Mvar，只在故障发生和切除时略微波动；直流卸荷电路的投入，使得并网点有功功率 P_{grid} 下降至 2.6MW，直流卸荷电路 $P_{Crowbar}$ 消耗 1.4MW，无功功率 Q_{grid} 为 0Mvar。DFIG 直流侧电压 U_{dc1} 在故障切除时出现 80V 的过电压，经过几个周期波动后恢复正常，PMSG 直流侧电压 U_{dc2} 基本保持稳定。九开关型 UPQC 直流侧电压维持在 1800V，仅在电压跌落结束时出现暂态而产生微小波动。在电压严重不对称跌落工况下，九开关型 UPQC 与直流卸荷电路联合运行，实现改善双馈-直驱混合风电一体化系统电能质量的功能。

9.4.4　电压严重对称跌落工况仿真

为验证九开关型 UPQC 在严重对称故障工况时改善双馈-直驱混合风电一体化系统的运行能力，设计 PCC 在 0.4～1.025s 内发生三相电压跌落至 20% 的故障工况，在九开关型 UPQC 和直流卸荷电路联合运行下，系统仿真结果如图 9-11 所示。

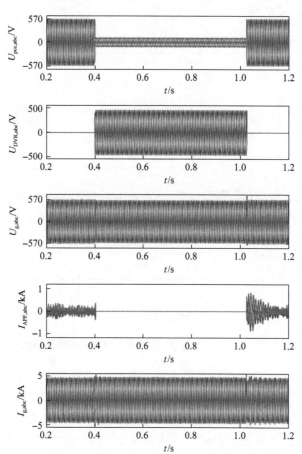

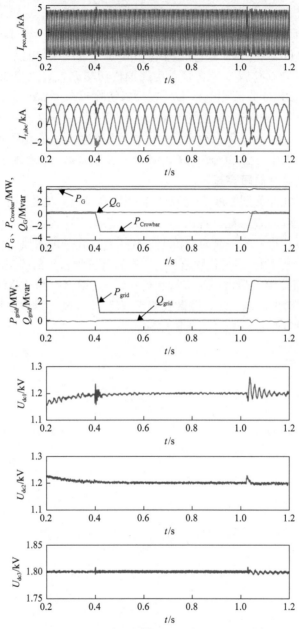

图 9-11　九开关型 UPQC 对严重对称跌落补偿结果

由图 9-11 可知，由于三相电压发生严重跌落，DFIG 和 PMSG 发出的有功功率与并网点有功功率不匹配，导致九开关直流侧电容电压骤升，因此，在 0.4s 时 Crowbar 电路开始投入运行，在深度跌落工况下，APF 退出运行，九开关型 UPQC

只启用 DVR。机端并联点电压 $U_{g,abc}$、机端并联点电流 $I_{g,abc}$、PCC 电流 $I_{pcc,abc}$ 恢复正常状态，DFIG 转子电流 $I_{r,abc}$ 在故障切除时出现轻微波动。DFIG-PMSG 的有功功率 P_G 为 4MW，无功功率 Q_G 基本为 0Mvar；直流卸荷电路投入后，PCC 的有功功率 P_{grid} 约为 0.8MW，直流卸荷电路消耗功率 $P_{Crowbar}$ 为 3.2MW，无功功率 Q_{grid} 为 0Mvar。DFIG 直流侧电压 U_{dc1} 在故障切除时产生 58V 的过电压，经过小幅振荡后恢复正常，PMSG 直流侧电压 U_{dc2} 维持在正常状态。九开关型 UPQC 直流侧电压稳定在 1800V，仅在故障结束时出现轻微波动。在电网电压严重深度对称跌落工况下，九开关型 UPQC 与 Crowbar 电路联合运行，实现了双馈-直驱混合风电一体化系统柔性故障穿越。

本章搭建了九开关型 UPQC 与双馈-直驱混合风电一体化系统仿真模型，设计了九开关型 UPQC 控制策略。提出了九开关变换器三次谐波注入调制策略和动态调制比分配方案，进一步提高直流侧电压利用率。在分散式风电场景中，针对电压/电流谐波、电压对称/不对称跌落、电压升高等五种常见故障工况，对九开关型 UPQC 与双馈-直驱混合风电系统进行运行验证，结果表明九开关型 UPQC 可综合治理电压、电流谐波问题，实现分散式双馈-直驱混合风电系统在复杂电网电压故障下的柔性故障穿越运行与电能质量控制。

第 10 章 九开关变换器物理试验与硬件在环测试

前述章节对 NSC 在双馈风力发电机组、永磁同步风力发电机组、统一电能质量调节器等场景下的应用进行了研究，论证了 NSC 在优化风电机组变换器结构及提高运行性能的理论可行性。本章以 NSC 试验验证为主题，从小功率试验平台运行测试和基于 Typhoon HIL 602+硬件在环平台在线运行两个方面进行验证。围绕小功率试验运行测试，介绍了试验场景设计、电路设计、控制逻辑设计和运行波形。围绕硬件在环在线运行，介绍了试验场景设计和运行结果。

10.1 试验场景设计

试验平台采用 NSC 为换流元件构建了 UPQC 小功率试验平台，通过负荷电压补偿和电流补偿的运行场景，完成对 NSC 结构及控制策略的验证。NSC 各桥臂输出双路功率脉冲。一路功率脉冲经 LC 滤波器，将调制电压以串联电压补偿的方式与电网电压叠加，在电网出现电压跌落（含对称、不对称跌落）、骤升等故障时，通过实时调节补偿电压，维持负荷电压稳定；另一路功率脉冲经过滤波电抗与负荷并联，负荷电流与补偿电流叠加后汇入电网。

九开关型 UPQC 旨在通过补偿技术维持负荷电压稳定、消除谐波电流，九开关变换器本身不参与负荷自身的控制与调节，与负荷相互独立。鉴于补偿实现的原理，九开关型 UPQC 对负荷电压支撑、谐波滤除具有普遍的适用性。为突出论证重点，简化试验方案，本节将以阻性负荷作为 UPQC 负载，同时增加不可控整流电路的负荷产生谐波电流。参照前述的仿真验证，本节的试验平台部分参数如表 10-1 所示。

表 10-1 仿真平台与试验平台对比

对比项	平台	
	仿真平台	试验平台
电压等级	690V 三相交流电源	380V 三相交流电源
负载类型	2MW DFIG/PMSG 机组	负载 1：100Ω 可调三相电阻负载 负载 2：经三相不可控整流后接入 500Ω 定值电阻
NSC 直流电压	九开关变换器直流侧电压为 1800V	九开关变换器直流侧电压为 1000V

按原理图 10-1 搭建九开关型 UPQC 试验电路，所构建的试验平台如图 10-2 所示。

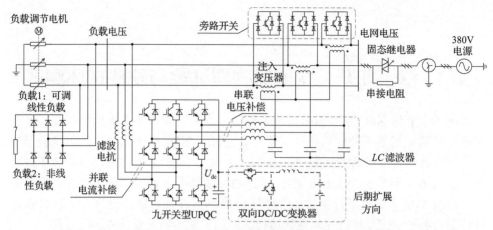

图 10-1　试验验证电路原理图

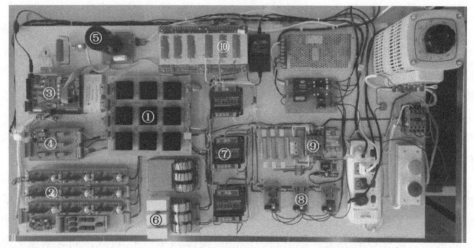

①九开关变换器；②九开关驱动板；③DSP 控制器；④6 路电压采样电路；⑤直流侧电容；⑥LC 滤波电路；⑦组合三相串联注入变压器；⑧三相旁路开关；⑨电压跌落发生器；⑩功率负载电阻

图 10-2　九开关型 UPQC 试验平台

九开关型 UPQC 试验平台可以完成以下验证。

电压补偿试验验证：采用在线路中投入串接电阻方案产生电压跌落、升高，经过九开关变换器电压补偿，负载电阻电压经暂态过程后恢复跌落前水平，不受电压跌落影响，电压补偿的正确性与可行性得证。

电流补偿试验验证：采用不控整流电路为负载电阻供电方案产生谐波电流，经过九开关变换器电流补偿，谐波电流在一定程度上被抵消，电源侧电流波形保持正弦，不受非线性负载产生的谐波电流影响，电流补偿的正确性与可行性得证。

由负荷与九开关型 UPQC 系统的独立关系可知，以耗能型电阻负载代替电源型风电机组而搭建的试验平台,除电压等级、功率等级、功率流向等特点不同外,对九开关变换器补偿原理验证具有等效性。同时,该试验平台也为风电机组与九开关型 UPQC 系统联合运行试验提供了重要基础。

10.2　电路设计

10.2.1　整体电路设计

九开关型 UPQC 平台可实现电压补偿、电流补偿功能。控制电路需要完成补偿电压控制、补偿电流控制和直流电压控制,其主要组成部分及功能如表 10-2 所示,控制检测电路结构如图 10-3 所示。

表 10-2　控制电路主要组成部分及功能

类型	名称	功能
控制器	可编程控制器	内含锁相环程序、d-q 变换程序、PI 控制器程序、SVPWM 程序、通信程序等,完成对系统的整体控制
采样电路	电网电压互感器	采集电源电压
	负载电压互感器	采集负载电压
	负载电流互感器	采集负载电流
	直流电压霍尔传感器	采集九开关变换器直流电压
驱动电路	IGBT 驱动模块	为组成九开关变换器的 IGBT 提供独立电源、隔离驱动信号与功率电路、驱动 IGBT 导通/关断、保护 IGBT 元件

试验平台控制器采用数字信号处理器(DSP)+现场可编程门阵列(FPGA)方案。DSP 平台完成数据计算、交互控制,FPGA 平台完成相关外设的驱动、PI 控制以及逻辑计算。DSP 控制器采用 TI 公司 TMS320F28335,该芯片内嵌硬件浮点运算单元支持浮点型数据运算指令,可以快速处理等功率 d-q 变换、d-q 反变换、功率计算、锁相角度计算;内含有 16 通道 12 位精度模数转换(AD)控制器,通过热电偶可对 IGBT 等重要功率元件进行温度监控;内含通用异步接收发送设备(UART)控制器,通过串口接收补偿指令;IGBT 驱动模块具有保护输出功能,九开关变换器的 9 路保护信号经过逻辑运算后,可对 DSP 进行外部触发,进入保护中断;FPGA 控制器采用 Altera 公司 EP4CE6F17C8N,通过高速并口与 DSP 芯片通信,电压测量值传送至 DSP,补偿电压、电流参考值传送至 FPGA;在 FPGA 中搭建状态机,驱动 AD 测量电路实时测量电压;在 FPGA 中搭建数字 PI 控制器,实现三相补偿电压、三相补偿电流对其参考值的闭环跟踪;在 FPGA 内部搭建 SPWM 控制器,产生驱动九开关变换器的逻辑脉冲。

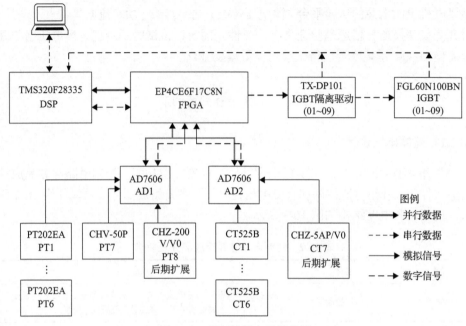

图 10-3 控制检测电路结构图

AD 采样电路由两片亚德诺半导体技术有限公司(ADI)的 AD7606 组成。该芯片具有 8 个采集通道,能以 200kbit/s 的采样速率,完成 16 位精度的正负电压量采集。AD7606 内部集成了低噪声、高输入阻抗的信号调理电路,其等效输入阻抗完全独立于采样速率且固定为 1MΩ。同时输入端集成了具有 40dB 抗混叠抑制特性的滤波器,可以通过相关引脚的电平状态控制采样速率和数字滤波器的数据冗余量。该芯片内部的集成功能,简化了 AD 外围电路设计,降低了对 AD 前端信号调理电路的要求,无须外部驱动和滤波电路。两路 AD7606 通过并行数据总线与 FPGA 连接,通过数字片选信号控制两路 AD 依次工作,完成对 16 路模拟电压的采样。

电压互感器(PT)采用南京向上电子科技有限公司 PT202EA 精密电流型电压互感器,该互感器电路结构成熟,额定输入电流为 0~2mA,线性对应 0~2mA 的输出电流,精度为 0.1%,额定相位差为 15′,经过调整电路进行电压变换与相位补偿,实现对 6 路交流电压的采样。电流互感器(CT)采用南京向上电子科技有限公司 CT525B 电压互感器,一次侧额定电流为 5A,二次额定电流为 2.5mA,变比为 2000:1,精度为 0.1%。经过调整电路将互感器二次电流转换为电压,实现对 6 路交流电流的采样。

九开关变换器直流侧电压检测采用北京森社电子有限公司 CHV-50P 霍尔电压传感器,该传感器输入侧与定值电阻串联后并联在直流电容两端,使传感器输入侧电流为 10mA，输出侧对应电流为 50mA。经过调整电路将霍尔电压传感器输出侧电流转换为电压，实现对直流电压的采样。

10.2.2　驱动电路设计

NSC 各桥臂有三个开关元件，形成的两个中点分别输出两路功率脉冲。三个开关元件的串联结构，使得 NSC 较传统的双电平电压源型变换器增加了 3 个悬浮电压基准，需采用 7 路隔离驱动电源。同样，在开关脉冲的死区设置需考虑 3 个开关元件的导通特点。

本试验中选用 TMS320F28335 为主控芯片，采用该 DSP 芯片中 6 通道独立的 PWM 控制器产生原始驱动脉冲。配置 6 路 PWM 控制器中代表三角波载波信号的计数器为同步触发，在每个控制周期中动态修正代表调制波的寄存器数值，相当于实现两通道，共计 6 路参考信号与同一个三角波进行比较调制，满足调制原理。由于每个集成的 PWM 控制器为互补型双路结构，选择每个控制器的 A 输出通道作为 DSP 调制脉冲输出。该输出脉冲需要经过逻辑转换才能驱动九开关变换器结构，并且在实际电路中，对每一个桥臂的三路开关信号进行死区配置，是九开关变换器驱动电路设计不可或缺的环节。

NSC 驱动电路采用自带隔离电源的厚膜驱动 TX-DP101 模块。脉冲的逻辑转换由 FPGA 单元进行。为进一步观测逻辑计算原理与死区设置，采用分立元件搭建了与 FPGA 逻辑相似的脉冲调理电路，如图 10-4 所示。该电路集逻辑计算和死区配置于一体，通过逻辑门计算、RC 延时电路、电压比较器实现设计功能。

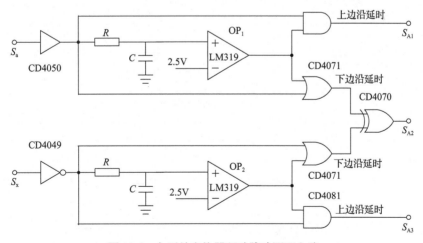

图 10-4　九开关变换器驱动脉冲调理电路

参照前面 A 相桥臂的调制参考信号为 u_{ra}、u_{rx}，令 DSP 输出 A 相桥臂驱动信号为 S_a、S_x，九开关变换器 A 相桥臂驱动逻辑为 S_{A1}、S_{A2}、S_{A3}。S_a 经过缓冲器输

入 *RC* 延时电路，电容正极与运放同向输入端相连，运放以电压比较器形式运行。OP$_1$ 和 OP$_2$ 采用高开环增益、高电压翻转速度的电压比较芯片 LM319，尽量减小器件本身造成的驱动延时。设置运放反向输入端电压为 2.5V，配置 *R* 为 6kΩ，*C* 为 1nF 时，运放输出脉冲约比 *RC* 电路之前脉冲延时 5μs。延时前后的脉冲做与逻辑运算得上边沿延时电路，延时前后的脉冲经过或逻辑运算得下边沿延时电路。S_x 经过反向器接入与 S_a 相同的电路。两路脉冲下降沿延时的或逻辑输出，经过异或门运算，使 S_{A1} 或 S_{A3} 发生下跳变时，S_{A2} 实现上跳变延时。S_{A1}、S_{A2}、S_{A3} 的上跳变延时组合，实现了九开关变换器的死区延时。

上述脉冲调理波形如图 10-5 所示。图 10-5(a) 为 DSP 输出脉冲，下通道 S_x 输出高电平时，上通道 S_a 一定输出高电平；上通道 S_a 输出低电平时，下通道 S_x 一定输出低电平，与九开关变换器驱动脉冲调制理论相符。图 10-5(b) 为脉冲延时电路波形，S_a 脉冲经过 *RC* 电路后，电压波形为 U_{op+}，与 U_{op-} 进行电压比较后输出脉冲 U_{op_o} 实现了脉冲延时。图 10-5(c) 为单上跳变延时脉冲和单下跳变延时脉冲波形，输入脉冲 S_a 和延时脉冲 U_{op_o} 做与运算后得到上跳变延时脉冲 U_{ud}，S_a 和 U_{op_o} 做或运算后得到下跳变延时脉冲 U_{dd}。图 10-5(d) 为九开关变换器驱动信号调理结果。

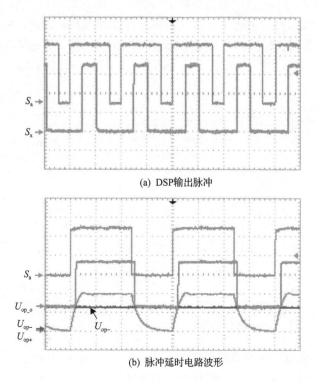

(a) DSP输出脉冲

(b) 脉冲延时电路波形

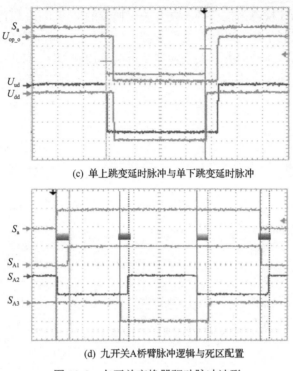

(c) 单上跳变延时脉冲与单下跳变延时脉冲

(d) 九开关A桥臂脉冲逻辑与死区配置

图 10-5　九开关变换器驱动脉冲波形

测试 A 相上端 IGBT 门极驱动信号，如图 10-6 所示。图中 S_{a1} 为驱动模块输入信号，U_{ge} 为 IGBT 门极驱动电压。由图 10-6 可见，门极驱动脉冲正电平约为 15V，负电平约为–9V。

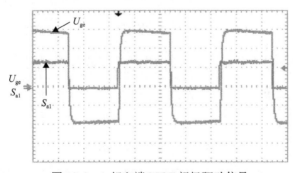

图 10-6　A 相上端 IGBT 门极驱动信号

10.3　控制逻辑设计

系统启动后，完成各寄存器的配置，设定 DSP 芯片工作状态。系统以电压故障检测、电流谐波检测为主循环。九开关变换器的稳定工作以直流电压稳定为前提，直流电压控制是所有补偿功能的基础。电压补偿、谐波电流补偿中任意一项功能启动后，都包含开启九开关变换器直流电压控制程序，都以直流电压控制实现方式——计算补偿电流参考值为必由环节。系统控制流程图如图 10-7 所示。

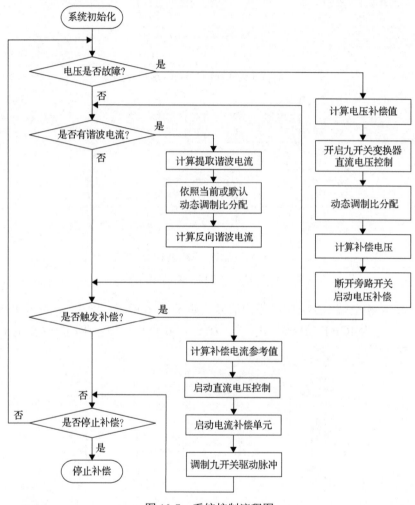

图 10-7　系统控制流程图

电压补偿控制：为实现电压跌落的准确检测，避免由干扰引起误动作，控制系统引入定时中断程序，如图 10-8 所示。在电压与额定电压差值大于±5%时，将电压异常标志位置位，配置并启动定时程序，定时中断每 50μs 进入一次。进入定时中断后检测电压异常标志位情况，如果电压异常，对相关计数器进行累加操作，在计数器完成 80 次计数后，认为在连续 4ms 内，电压持续出现故障，判定电压故障，并停止定时器；反之判定进入中断是由干扰所致，清空计数器并复位电压异常标志。在确定电压出现故障后，电压补偿为首要任务，按照电压跌落程度，动态分配用于九开关变换器电压补偿和电流补偿的调制比。为保障电压补偿侧输出足够电压，将调制比优先分配于电压补偿通道，关闭电流补偿，降低电流补偿侧占用的调制比。控制系统计算补偿电压后，断开串联注入变压器旁路开关，启动电压补偿 PI 控制器。

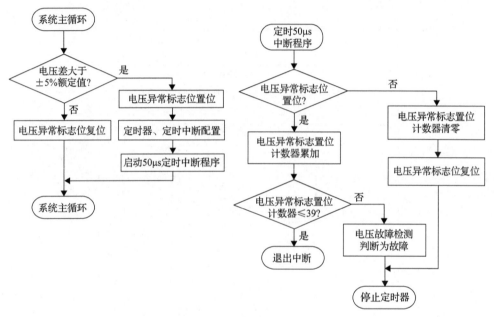

图 10-8　电压故障检测流程图

谐波电流补偿控制：在检测到谐波电流时，提取谐波电流分量，在最终补偿电流参考值中加入谐波电流的负值，启动电流补偿 PI 控制器。

电流补偿单元控制变换器系统与电网系统的功率交换，是实现变换器直流侧电压稳定的保障，是补偿系统正常运行的基础，所有补偿功能的实现都需要启动电流补偿单元。

10.4　小功率试验运行波形

为验证所提出九开关变换器方案的可行性，试验平台将通过电压跌落、电压升高、电压畸变以及投入不可控整流电路产生谐波电流的工况进行补偿验证，相关波形如图 10-9 所示。

图 10-9(a) 为三相电压对称跌落 80%并持续 625ms 工况下九开关变换器电压

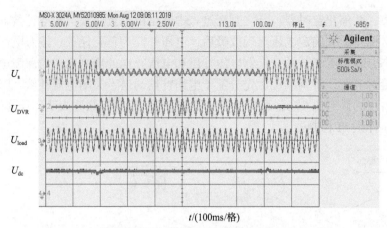

(a) 电压对称跌落80%工况下九开关变换器电压补偿试验波形

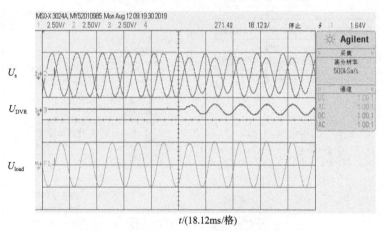

(b) 电压不对称跌落30%工况下九开关变换器电压补偿试验波形

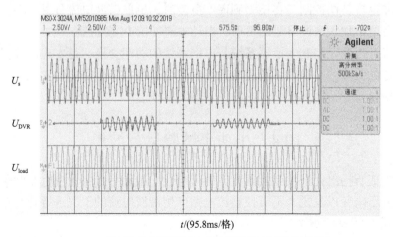

(c) 低电压/高电压故障下九开关变换器电压补偿试验波形

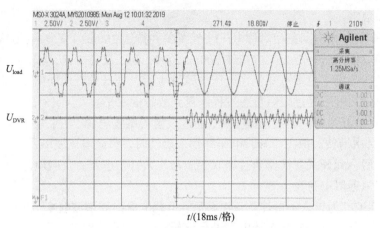

(d) 电压谐波工况下九开关变换器电压补偿试验波形

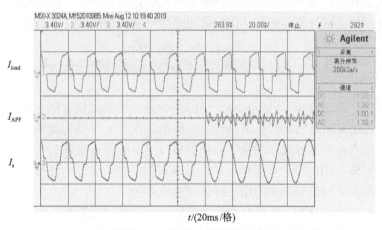

(e) 电流谐波工况下九开关变换器谐波电流抑制试验波形

图 10-9　九开关变换器试验波形

补偿实验波形。为了研究方便，本节只选取 A 相进行分析。U_{s} 为电网电压，U_{DVR} 为串联变压器输出的补偿电压，U_{load} 为负载电压，U_{dc} 为九开关变换器直流侧电压。由图可知，在电压对称跌落期间，九开关变换器串联注入补偿电压，负载电压在大约两个周期的暂态过程后恢复正常值。在电压跌落瞬间，直流侧电容向负载补充功率，九开关变换器直流侧电压出现暂态下降，随着控制调节，九开关变换器直流侧电压维持稳定。在电压恢复瞬间，电容停止向负载提供功率，由于电流控制的滞后性，九开关变换器直流侧电压出现暂态上升，随后九开关变换器直流侧电压恢复稳定。

图 10-9(b) 为 B 相电压跌落 30%的不对称故障工况，由图可知，在电压跌落发生后，九开关变换器串联注入补偿电压，使得负载电压经过较短暂态过程恢复

到故障前水平。

图 10-9(c)为电网三相对称电压跌落 30%并持续 200ms，恢复后 200ms，电网发生三相对称电压升高 20%并持续 200ms 故障。为了研究方便，本节选取 A 相电压电流进行分析。由图可知：在电压故障发生后，九开关变换器串联注入补偿电压，使得负载电压经过较短暂态过程恢复到故障前水平。

图 10-9(d)为电网电压谐波工况，通过设置可编程电源，在工频正弦中叠加定量 5 次、7 次谐波。由图可知：电压补偿未启动时，负载电压波形发生严重畸变；启动补偿后，九开关变换器通过串联变压器注入补偿电压，负载电压经短时暂态过程后变为近似正弦波。

图 10-9(e)为投入不可控整流电路后，负载电流出现谐波畸变。九开关变换器作有源滤波器运行，选用 A 相电流进行分析。I_{load} 为负载电流波形，I_{APF} 为滤波电抗器输出的补偿电流波形，I_s 为电网电流波形，由图可知：补偿电流注入后，与负载电流中的谐波分量相抵消，电网电流经短时暂态过程恢复准正弦波形。

10.5　硬件在环平台在线运行场景设计

硬件在环(hardware in the loop，HIL)平台通过精确的模型建立及高速运算求解，可对被仿真对象的运行状态进行实时解析。在 HIL 平台构建被控系统的实时模型，将被测控制器通过双向数字和模拟接口与 HIL 平台连接，实现对控制器的在线运行验证。HIL 平台在线运行验证技术可提高试验验证的可行性、合理性和安全性，同时缩短控制开发周期，降低试验成本。

为进一步验证 NSC 在风电系统中的应用，本节构建了基于九开关型 UPQC 提升双馈风电机组电网电压适应性的运行场景，如图 10-10 所示。九开关变换器

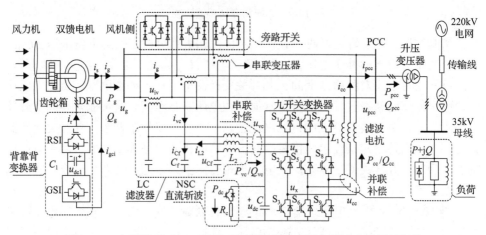

图 10-10　九开关型 UPQC 提升双馈风电机组电网电压适应性运行场景

用作统一电能质量调节器接入风机与升压变压器低压侧之间,其中电压补偿接入点靠近风机侧,电流补偿接入点靠近电网侧。本场景中,风电机组、九开关变换器、电网及负载等物理元件通过 HIL 平台模拟,风电机组控制(包括背靠背功率变换器控制及风力机控制)采用南瑞集团有限公司双馈风机控制器,九开关型UPQC 控制器基于 TMS320F28335 DSP 构建。双馈风机控制器与 DSP 控制器通过数字、模拟端口与 HIL 平台连接,试验系统结构如图 10-11 所示。系统参数如表 10-3 所示。

双馈控制器　　　　　　Typhoon HIL 602+　　　九开关变换器DSP控制器　　上位机系统

图 10-11　基于 HIL 平台的九开关型 UPQC 运行验证

表 10-3　HIL 平台试验系统参数

参数及变量	数值	参数及变量	数值
电网电压/频率 U_{pcc}/f_s	690V/50Hz	机组直流侧电容 C_1	16mF
机组额定有功功率/无功功率 P_g/Q_g	2.0MW/0Mvar	串联变压器变比 k	1
极对数 n_p	3	NSC 直流侧电压 U_{dc}	1600V
额定转速 n	1200r/min	NSC 直流侧电容 C	20mF
DFIG 直流侧电压 U_{dc1}	1200V		

10.6　硬件在环平台在线运行波形

为验证九开关型 UPQC 对双馈风电机组电网电压适应性的提升,设计谐波电压工况、严重不对称电压跌落工况和严重对称电压跌落工况三种典型电网电压故障场景。

10.6.1　谐波电压工况运行验证

启动大功率非线性负荷,电网电压出现畸变,正序电压降低。电压补偿于 0ms开始,试验结果如图 10-12 和图 10-13 所示。

图 10-12(a)为相同时间尺度下谐波电压补偿前后的电压和电流波形。图 10-12

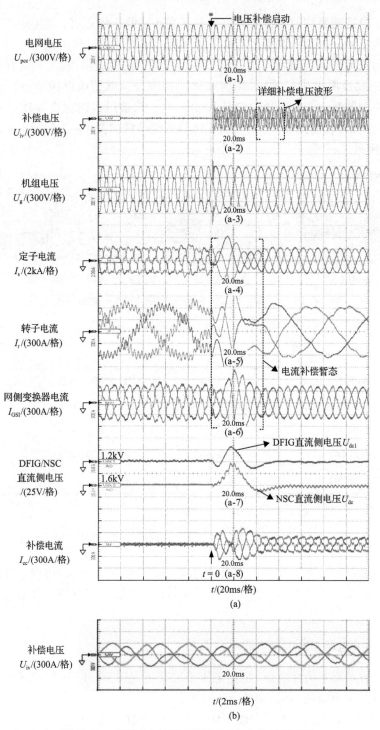

图 10-12　谐波电压工况下 HIL 平台在线运行波形

(a-1)中电网电压 U_{pcc} 明显畸变。在图 10-12(a-2)中补偿电压 U_{iv} 注入后，图 10-12 (a-3)中机组电压 U_g 畸变消除并恢复为正弦波。当 U_g 畸变时，图 10-12(a-4)中定子电流 I_s、图 10-12(a-5)中转子电流 I_r 和图 10-12(a-6)网侧变换器电流 I_{GSI} 同样发生畸变，图 10-12(a-7)中 DFIG 直流侧电压 U_{dc1} 发生振荡。谐波电压补偿后，双馈风电机组相关谐波电压、电流恢复正弦波，直流电压振荡消除。受谐波影响，电压补偿功率振荡，导致图 10-12(a-7)中 NSC 直流侧电压 U_{dc} 出现轻微振荡。电流补偿平衡电压补偿产生的功率，将 U_{dc} 稳定于 1.6kV。图 10-12(a-8)中电流补偿电流 I_{cc} 近似保持正弦。图 10-12(b)显示了对应图 10-12(a-2)的注入电压波形细节。

图 10-13 为电网电压和机组电压的谐波分析。图 10-13(a)中 U_{pcc} 的基波电压为 460V，5 次、7 次和 11 次谐波明显。补偿后图 10-13(b)中 U_g 的基波电压恢复到 560V，有效消除了相应的谐波。

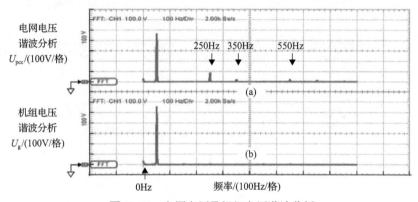

图 10-13 电网电压及机组电压谐波分析

10.6.2 严重不对称电压跌落工况运行验证

设置 35kV 母线在 0ms 时发生相间短路，电网电压出现不对称压降，电压补偿立即启动。试验结果如图 10-14 所示。

图 10-14(a)为同一时间尺度下电压不对称跌落前后的电压、电流和功率波形。电压骤降发生时，图 10-14(a-1)中电网电压 U_{pcc} 的 B 相电压跌落至 20%，A、C 相电压跌落至 85%并伴有相移。在图 10-14(a-2)中补偿电压 U_{iv} 注入后，图 10-14 (a-3)中机组电压 U_g 经历短暂暂态过程后恢复稳定且相位连续。图 10-14(a-4)中定子电流 I_s、图 10-14(a-5)中转子电流 I_r 和图 10-14(a-6)网侧变换器电流 I_{GSI} 经暂态过程之后恢复正弦，图 10-14(a-7)中 DFIG 直流侧电压 U_{dc1} 稳定在 1.2kV。为避免 NSC 过载，机组采用减载策略，图 10-14(a-8)中机组有功功率 P_g 在穿越

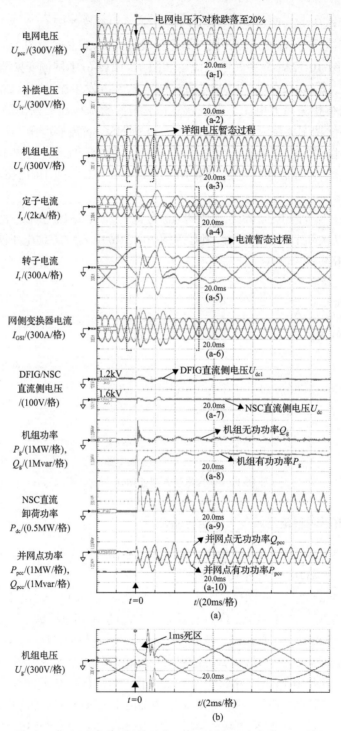

图 10-14　电压严重不对称跌落工况下 HIL 平台在线运行波形

运行期间降低。由于负序电压影响，电压补偿功率出现二倍频振荡。该工况下通过 NSC 直流侧卸荷电路平衡电压补偿功率，进而图 10-14(a-9)中 NSC 直流卸荷功率 P_{dc} 同样出现二倍频特征。同时，图 10-14(a-7)中 NSC 直流侧电压 U_{dc} 稳定于 1.6kV。由于电网电流仅由正弦形式的定子电流构成，因此该系统对负序电压呈高阻抗，有利于对负序电压分量的抑制。相应地，图 10-14(a-10)中并网点功率 P_{pcc} 及 Q_{pcc} 具有二倍频振荡特征。

图 10-14(b)显示了电网电压跌落后机组电压详细的暂态波形。在 0ms 时，U_g 随 U_{pcc} 跌落，经历 1ms 死区时间后，随着电压补偿的启动，机组电压恢复正常。

10.6.3 严重对称电压跌落工况运行验证

设置电网电压在 0ms 时对称跌落至 20%，电压补偿立即启动。试验结果如图 10-15 所示。

图 10-15(a)为同一时间尺度下电压对称跌落前后的电压、电流和功率波形。图 10-15(a-1)中电网电压 U_{pcc} 对称跌落至 20%，在图 10-15(a-2)中补偿电压 U_{iv} 注入后，图 10-15(a-3)中机组电压 U_g 经历短暂暂态过程后恢复稳定且相位连续。图 10-15(a-4)中定子电流 I_s、图 10-15(a-5)中转子电流 I_r 和图 10-15(a-6)中网侧变换器电流 I_{GSI} 在暂态过程之后恢复正弦，图 10-15(a-7)中 DFIG 直流侧电压 U_{dc1} 稳定在 1.2kV。为避免 NSC 过载，机组采用减载策略，图 10-15(a-8)中机组有功功率 P_g 在穿越运行期间降低。图 10-15(a-9)中 NSC 直流卸荷功率与电压补偿和电流补偿功率平衡，进而图 10-15(a-7)中 NSC 直流侧电压 U_{dc} 稳定于 1.6kV。图 10-15(a-10)中并网点功率 P_{pcc} 降低，同时提供无功功率支撑以促进电压恢复。

图 10-15(b)显示了电网电压跌落后机组电压详细的暂态波形。在 0ms 时，U_g 随 U_{pcc} 跌落，经历 1ms 死区时间后，随电压补偿的启动，机组电压经过 2ms 暂态过程恢复正常。

本章构建了九开关型 UPQC 小功率试验平台，通过阻性负载在电压跌落、骤升工况的运行验证了电压补偿的有效性，通过非线性负载场景验证了电流补偿的有效性，进而验证了九开关型 UPQC 控制器在测量、驱动电路及控制策略设计时的正确性。进一步地，利用 HIL 技术将所设计的九开关型 UPQC 控制器与并网双馈风电机组进行在线运行验证，通过在电压严重对称、不对称跌落和谐波电压三种典型场景下的运行分析，验证了九开关型 UPQC 可有效提升双馈风电机组对电网电压的适应性。本章研究内容可给 NSC 的驱动电路和保护电路设计以及九开关型 UPQC 控制电路及控制策略的设计提供实验指导与工程参考。

电网电压
U_{pcc}/(300V/格)

补偿电压
U_{iv}/(300V/格)

机组电压
U_g/(300V/格)

定子电流
I_s/(1.5kA/格)

转子电流
I_r/(300A/格)

网侧变换器电流
I_{GSI}/(300A/格)

DFIG/NSC
直流侧电压
/(100V/格)

机组功率
P_g/(1MW/格),
Q_g/(1Mvar/格)

NSC直流
卸荷功率
P_{dc}/(1MW/格)

并网点功率
P_{pcc}/(1MW/格),
Q_{pcc}/(0.2Mvar/格)

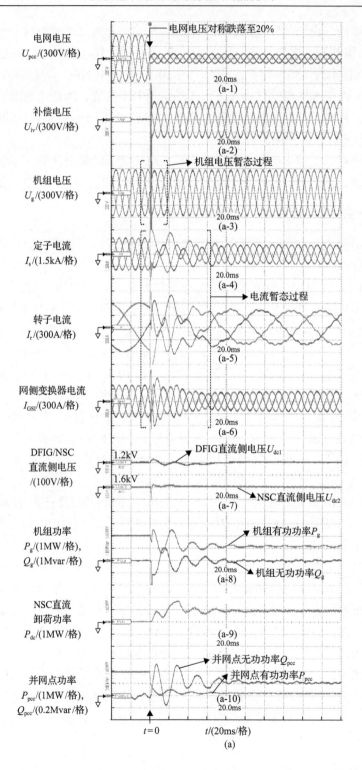

电网电压对称跌落至20%

20.0ms
(a-1)

20.0ms
(a-2)

机组电压暂态过程

20.0ms
(a-3)

20.0ms
(a-4)

电流暂态过程

20.0ms
(a-5)

20.0ms
(a-6)

1.2kV

DFIG直流侧电压U_{dc1}

1.6kV

20.0ms
(a-7)

NSC直流侧电压U_{dc2}

机组有功功率P_g

20.0ms
(a-8)

机组无功功率Q_g

(a-9)
20.0ms

并网点无功功率Q_{pcc}

并网点有功功率P_{pcc}

(a-10)
20.0ms

$t=0$ $t/$(20ms/格)

(a)

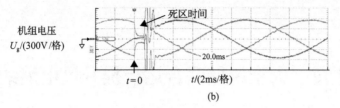

图 10-15　电压严重对称跌落工况下 HIL 平台在线运行波形

第11章　大型风储联合运行提升风电消纳能力

风力发电经过 20 多年的迅猛发展，已成为我国电力系统的主力电源形式，然而，由于风天然的随机性、波动性和间歇性，风力发电功率波动将导致电网供用电瞬时功率不平衡，致使电网频率和电压质量恶化，对电力系统运行的可靠性、稳定性和经济性的影响愈发突出。因此，为了提高风电在电网中的渗透率以及维持电力系统稳定，研究一种降低风电并网功率波动、保障电力系统的电量供需平衡的优化方案具有重要现实意义[70-72]。储能为风电稳定并网运行和跟踪计划出力提供了新的思路，对于大规模储能缓解风电功率波动、实现削峰填谷、提高风电可调度性、解决风电系统供电充裕性以及设计储能系统控制策略等热点问题，国内外学者开展了大量研究。

本章在风储系统联合运行方式中采用有效的控制策略以优化储能系统出力、提高风电利用率、降低风电对电网的冲击，进而提升电网对风电的消纳，提出了一种多目标混合优化模型的风储联合运行策略，采用马尔可夫链预测风电功率，并应用粒子群优化算法形成储能实时滚动优化出力策略，实现了更好的风电出力平滑效果，可有效提高风电的消纳和风储系统的运行稳定性。

11.1　风储一体化联合运行系统分析

11.1.1　百兆瓦级风储一体化联合运行系统

在风力发电系统中，风速随机、不确定的变化导致风电有功功率波动，而大幅度的有功功率波动将对主电网产生冲击，影响电网的稳定运行[73,74]。在 PCC 接入电池储能系统，控制充放电过程可以有效地平滑并网功率波动，有助于提高风电渗透率。典型的风储一体化混合系统结构如图 11-1 所示，包括双馈式风电场、电池储能系统、电力电子变换器以及电力传输线路。用于平滑风电并网功率的电池储能系统，是风储发电系统规划的重要环节[75-77]。本节的目的是设计一种计及储能输出能力和未来风电功率出力预测的能量管理工作策略，用以合理地平滑风电并网功率。

11.1.2　缓解风电功率波动的数学模型

由图 11-1 可知，风储混合系统的功率满足

$$P_{\mathrm{G}}(t) = P_{\mathrm{W}}(t) - P_{\mathrm{B}}(t) \tag{11-1}$$

式中，$P_{\mathrm{G}}(t)$ 为 t 时刻并网功率；$P_{\mathrm{W}}(t)$ 为 t 时刻风电场输出功率；$P_{\mathrm{B}}(t)$ 为储能电池吸收功率。

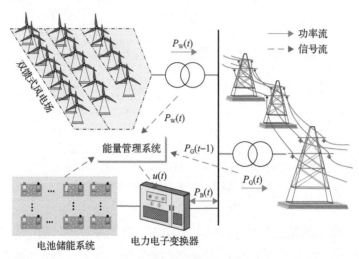

图 11-1　风储一体化混合系统结构图

而对于电池储能系统，能量变化则满足：

$$E_{\mathrm{B}}(t+1) = E_{\mathrm{B}}(t) + P_{\mathrm{B}}(t)\Delta T \tag{11-2}$$

式中，$E_{\mathrm{B}}(t)$ 为 t 时刻储能能量；ΔT 为采样时间。当 $P_{\mathrm{B}}(t) > 0$ 时，表示储能系统充电；当 $P_{\mathrm{B}}(t) < 0$ 时，表示储能系统放电。在 t 时刻，储能电池剩余能量状态 $\mathrm{SOE}(t)$ 表示为储能能量与电池容量的比值，即 $\mathrm{SOE}(t) = E_{\mathrm{B}}(t)/Q$，$Q$ 表示储能电池容量。

　　传统的电池储能平滑风电输出波动的方式、储能输出功率以及 SOE 变化如图 11-2 所示。根据实时采集的 $t-1$ 时刻并网功率 $P_{\mathrm{G}}(t-1)$、t 时刻风电场输出功率 $P_{\mathrm{W}}(t)$ 估算 t 风电功率并网造成的功率波动，即

$$\Delta P_{\mathrm{G}}(t) = P_{\mathrm{W}}(t) - P_{\mathrm{G}}(t-1) \tag{11-3}$$

式中，$\Delta P_{\mathrm{G}}(t)$ 为并网功率波动量。当 $|\Delta P_{\mathrm{G}}(t)| \leqslant \delta$，即风电功率满足并网功率要求时，为降低储能消耗，此时储能电池不输出功率，如图 11-2 中 $0 \sim t_1$、$t_4 \sim t_6$、$t_8 \sim t_9$、$t_{11} \sim t_{12}$、$t_{15} \sim t_{16}$ 时间段；当 $\Delta P_{\mathrm{G}}(t) < -\delta$ 时，表示储能电池放电补充并网功率，为保证储能最小动作，一般使得 $P_{\mathrm{B}}(t) = P_{\mathrm{W}}(t) - P_{\mathrm{G}}(t-1) + \delta$，如图 11-2 中 $t_1 \sim t_2$、$t_3 \sim t_4$、$t_9 \sim t_{11}$ 及 $t_{16} \sim t_{19}$；当 $\Delta P_{\mathrm{G}}(t) > \delta$ 时，储能电池充电，$P_{\mathrm{B}}(t) = P_{\mathrm{W}}(t) - P_{\mathrm{G}}(t-1) - \delta$，如图 11-2 中 $t_2 \sim t_3$、$t_6 \sim t_8$、$t_{12} \sim t_{15}$ 及 $t_{19} \sim t_{20}$。其中 δ 表示电网允许风电并网的有功功率波动范围。

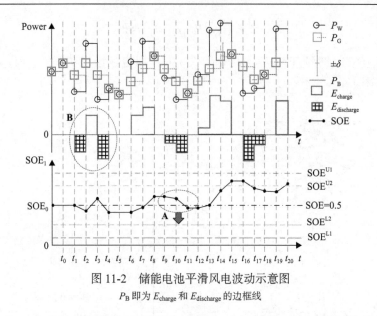

图 11-2　储能电池平滑风电波动示意图

P_B 即为 E_{charge} 和 $E_{discharge}$ 的边框线

图 11-2 表示的储能参与平抑风电波动方式仍存在一些问题：①若储能系统 SOE 上下限制范围为 $[SOE^{L1}, SOE^{U1}]$ 或者储能容量无穷大，则此方案是可行的。而实际中储能容量是有限的，若 SOE 上下限制范围为 $[SOE^{L2}, SOE^{U2}]$，则在图中的储能 SOE 曲线 $t_{14} \sim t_{17}$ 时间段内，储能电池输出被限制，并网功率超出功率波动允许范围，造成电网冲击，这一时间段定义为储能 "死区时间"。但是，若在 A 区域 $t_9 \sim t_{11}$ 时间段内适当加大储能放电功率，使得储能剩余能量状态恢复至电池储能最大充放电能力的状态 (SOE=0.5)，则可以消除死区部分影响。②在图中区域 B 部分，即 $t_1 \sim t_4$ 时段内，储能存在频繁充放电，这将对储能电池的使用寿命产生不好的影响。

所以，本书设计一种计及储能输出能力、预测未来风电功率出力影响以及最小化储能输出的多目标储能电池优化运行策略，用以平抑风电功率并网波动。

假设优化变量为 $X = [x_1, x_2] = [P_G(t), P_G(t+1)]$，则以并网功率波动在允许范围内为目标的指标 J_1 如式 (11-4) 所示，以储能电池最小化输出为目标的指标 J_2 如式 (11-5) 所示，以储能输出能力为目标的指标 J_3 如式 (11-6) 所示，以预测未来风电功率出力影响为目标的指标 J_4 如式 (11-7) 所示。

$$J_1 = c_1 \left(P_G(t+1) - P_G(t) \right) \tag{11-4}$$

$$J_2 = c_2 \left(P_W(t) - P_G(t) \right) \tag{11-5}$$

$$J_3 = c_3 \left(SOE(t) + \left(P_W(t) - P_G(t) \right) \Delta T / Q \right) \tag{11-6}$$

$$J_4 = c_1 \left(P_{\mathrm{G}}(t+1) - P_{\mathrm{G}}(t) \right)^2 + c_2 \left(P_{\mathrm{W}}(t+1) - P_{\mathrm{G}}(t+1) \right)^2$$
$$+ c_3 \left(\mathrm{SOE}(t+1) + \left(P_{\mathrm{W}}(t+1) - P_{\mathrm{G}}(t+1) \right) \Delta T / Q \right)^2 \tag{11-7}$$

式中，c_1 为并网功率波动的代价函数，如图 11-3(a)所示；c_2 为储能输出功率的代价函数，如图 11-3(b)所示；c_3 为储能充放电深度成本函数，如图 11-3(c)所示，适当划分储能输出能力区域形成储能输出能力评估；$P_{\mathrm{W}}(t+1)$ 为预测的风电功率；Q 为电池荷电量；$\mathrm{SOE}(t+1)$ 为当 t 时刻储能输出为 $P_{\mathrm{B}}(t) = P_{\mathrm{W}}(t) - P_{\mathrm{G}}(t)$，运行 ΔT 时间后，在 $t+1$ 时刻的 SOE。

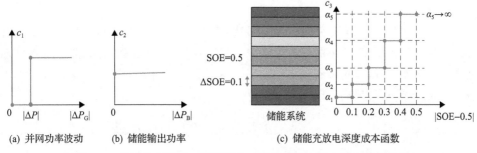

图 11-3　并网功率波动、储能输出功率及储能充放电深度成本函数

根据式(11-4)～式(11-7)建立储能电池用于平抑风电并网功率波动的混合优化目标 J，如式(11-8)所示，其中，$(\alpha, \beta) \in \{0,1\}$，$J_1$ 和 J_2 是传统方式优化的目标，即满足并网功率要求下的储能最小出力问题。所以，设置参数 (α, β) 值，实现不同目标的优化。同时，值得注意的是，在目标函数中，部分参数和变量的约束将影响优化过程，约束条件如式(11-9)所示：

$$J = J_1 + J_2 + \alpha \times J_3 + \beta \times J_4 \tag{11-8}$$

$$\text{s.t.} \quad \begin{cases} 0 \leqslant P_{\mathrm{G}}(t) \leqslant P_{\mathrm{G,max}} \\ \mathrm{SOE}^{\mathrm{L}} \leqslant \mathrm{SOE}(t) \leqslant \mathrm{SOE}^{\mathrm{U}} \end{cases} \tag{11-9}$$

式中，$P_{\mathrm{G,max}}$ 为最大并网功率；$\mathrm{SOE}^{\mathrm{U}}$ 和 $\mathrm{SOE}^{\mathrm{L}}$ 为储能电池充放电上下限值。

11.2　马尔可夫预测和粒子群优化算法

11.2.1　马尔可夫预测模型的建立

大多数实际的物理系统在实际运行过程中都是一个随机过程，风速以及风电有功功率也遵循这样的规律。一个随机过程用一组随机变量来描述一个实时过程，这些随机变量是由另一个变量相互关联的，如时间 t。

马尔可夫链是一个随机过程的解析表示。假设在一个离散的状态空间 $\{0,1,2,\cdots\}$ 上，存在一个离散的随机过程 $\{S_n, n = 0,1,2,\cdots\}$。如果 S_n 满足如下属性，即任何一个未来状态 S_{n+1} 的条件概率分布独立于过去状态 $\{S_0, S_1, \cdots, S_{n-1}\}$ 而仅仅取决于当前状态 S_n，则 S_n 是一个离散的马尔可夫过程，如式(11-10)所示。

$$P\{S_{n+1} = j \mid S_n = i, S_{n-1} = i-1, \cdots, S_0 = i_0\} = P_{i,j} \qquad (11\text{-}10)$$

式中，$P_{i,j}$ 是未来状态 j 在当前假设状态 i 下的概率，i 和 j 表示随机变量在状态空间中的状态。

马尔可夫链中，随机变量和时间都是离散的，由有限数量的离散状态和一组转换概率 $\Pi(t,t+1)$ 来定义每一步中从一个状态到另一个状态的可能性，所有状态之间的一步转换概率可以被安排在"一步状态转移矩阵"中，一步状态转移矩阵的一般形式可以按式(11-11)方式排列：

$$\Pi(t,t+1) = \begin{bmatrix} P_{1,1} & P_{1,2} & \cdots & P_{1,j} & \cdots & P_{1,n} \\ P_{2,1} & P_{2,2} & \cdots & P_{2,j} & \cdots & P_{2,n} \\ \vdots & \vdots & & \vdots & & \vdots \\ P_{i,1} & P_{i,2} & \cdots & P_{i,j} & \cdots & P_{i,n} \\ \vdots & \vdots & & \vdots & & \vdots \\ P_{n,1} & P_{n,2} & \cdots & P_{n,j} & \cdots & P_{n,n} \end{bmatrix} \qquad (11\text{-}11)$$

式中，$P_{i,j} = f_{i,j} \Big/ \sum_{j=1}^{K} f_{i,j}$，$f_{i,j}$ 表示状态 i 一步转移到状态 j 的总数，K 表示状态数，所有元素的概率都应该是在 0 和 1 之间，每一行概率之和为 1。利用式(11-11)的一步状态转移矩阵和马尔可夫性，可以得到 n 步状态转移矩阵，描述如下：

$$\Pi(t,t+n) = \Pi^n(t,t+1) \qquad (11\text{-}12)$$

在本书风电功率预测过程中，状态转移矩阵是利用记录的风电功率历史数据构建的，具体一步预测步骤如下。

(1)离散化风电功率：根据风电场装机容量(风电输出功率最大值)，选取状态变量数 n，等间隔划分风功率得到状态描述 $\{S_n, n = 0,1,2,\cdots\}$，定义每个风电功率区间的平均值为此状态的功率表征。

(2)计算状态转移矩阵：根据各状态相应区间范围，定义风电功率历史时序数据的状态演变过程，并根据式(11-11)计算风电功率一步状态转移矩阵 $\Pi(t,t+1)$。

(3)滚动预测：根据当前 t 时刻风电功率情况，计算此时的状态 i，查找一步状态转移矩阵第 i 行中最大概率 $P_{i,j}$，表示在当前状态 i 的情况下，下一时刻风电功率以最大概率转移至状态 j，以 j 状态所对应的风电功率区间的平均值为 $t+1$ 时刻的风电功率预测值，不断滚动时刻 t 完成预测过程。

式(11-8)的优化目标函数只定义一步预测的代价函数，故本书所提的方法仅需要完成一步预测。根据中国北方某百兆瓦级风电场全年的风电功率真实历史数据，设置马尔可夫状态数 $S=50$，可以计算出风电功率一步状态转移矩阵，如图 11-4 所示。若增加优化目标中预测部分的多步预测结果，则预测过程中需利用一步状态转移矩阵，根据式(11-12)计算出 n 步状态转移矩阵进行预测。

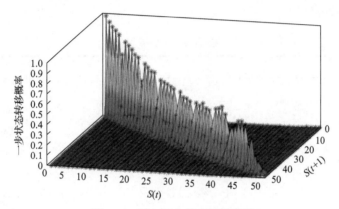

图 11-4　马尔可夫状态转移矩阵

从图 11-4 中可以看出，高概率的转换过程集中在矩阵的对角线上，这表示风电功率并不会像光伏发电一样出现输出功率突变为 0 的情况，即风力发电存在更大的惯性。而不同状态下的一步状态转移概率并不相同，它们反映了风电功率在时序变化过程中的过渡规律。

11.2.2　粒子群优化算法用于风储混合系统的优化过程

启发式优化算法是一种解决非线性、非凸优化问题的有效手段。在 1995 年就有学者通过观测模拟鸟类在觅食过程中的迁徙和群体行为，提出了一种全局搜索的粒子群优化(PSO)算法。与其他优化技术相比，如遗传算法(GA)和模拟退火(SA)算法，PSO 算法具有更高的搜索速度、更少的集合参数以及更强的寻优能力等优点，已在多种优化场景中得到了广泛应用。

PSO 算法的主要思想是通过对一组随机粒子的初始化和迭代来找到一个复杂问题的最优解。在 PSO 算法中，每个粒子代表了一个潜在解决方案，其特征是由三个指标定义的，即位置、速度和适应度函数值，粒子适应度函数值表征了粒子所在位置的优劣，适应度最优粒子所在位置标记为粒子最优位置。每一个粒子根据自身的历史最优位置以及全局最优位置更新粒子位置，使得个体在搜索空间中达到最佳位置。

　　本节将功率 PSO 算法用于优化风储混合系统出力，风储并网混合优化目标 J 被定义为粒子适应度函数，风储在 t 和 $t+1$ 时刻的并网功率值 $[P_{\mathrm{G}}(t), P_{\mathrm{G}}(t+1)]$ 被定义为粒子位置，动态滚动优化目标函数式(11-8)，计算出 t 时刻最佳并网功率，并结合风电输出功率，获得最佳储能运行方案。

　　基于 MATLAB 仿真平台设计了一个风储一体化仿真系统，其中所用数据为中国北方某百兆瓦级风电场全年的风电功率真实数据，其他参数如表 11-1 所示，且式(11-4)～式(11-7)优化目标中各代价函数取值为 $c_1=10$, $c_2=1$, $c_3=[\alpha_1, \alpha_2, \alpha_3, \alpha_4, \alpha_5]=[0, 5, 10, 20, 50]$。

表 11-1　参数设置

参数		数值
仿真参数	采样时间 ΔT	1min
	并网功率波动要求 δ	2.5MW
	储能额定功率 P_{be}	5MW
	储能电池容量 Q	2MW·h
	储能初始 SOE	0.5
	储能上限 $\mathrm{SOE}^{\mathrm{U}}$	0.9
	储能下限 $\mathrm{SOE}^{\mathrm{L}}$	0.1
粒子群优化算法参数	粒子数 N	30
	最大迭代数 iter	100
	惯性因子 ω	0.5
	学习因子 k_1	2
	学习因子 k_2	2
	马尔可夫状态数 S	50
	风电功率预测长度	1

　　为进一步验证本节所提出的计及储能输出能力和风电未来输出功率对储能电池运行的影响，设置对比过程，即改变参数 α 和 β 的值，如表 11-2 所示。当 $\alpha=\beta=0$ 时，表示传统的储能电池平抑风电功率波动方法(方法一)；当 $\alpha=1$、$\beta=0$ 时，表示以引入储能输出能力为目标的储能电池优化运行方法(方法二)；当 $\alpha=\beta=1$ 时，表示以融合储能输出能力及预测风电功率未来输出影响为目标的风储发电优化运行方法(方法三)，而风电有功功率预测部分利用风电功率状态转移矩阵的马尔可夫模型完成。

表 11-2　储能电池运行影响方法描述

参数	方法一	方法二	方法三
储能出力水平调节参数 α	0	1	1
未来风电输出影响参数 β	0	0	1

11.3　不同场景模拟仿真分析

仿真算例分别采用春、秋两季中典型春、秋季节的一天(3 月 15 日和 10 月 15 日)风电功率数据进行储能优化运行策略验证,算例中均采用百兆瓦级风电场 1min 采样时间的风电功率数据。

为进一步说明方法三的优势,改变了储能电池容量 $Q \in \{1\text{MW}, 2\text{MW}, 4\text{MW}\}$ 和并网功率波动要求 $\delta \in \{1\text{MW}, 1.5\text{MW}, 2.5\text{MW}\}$,并定义平滑风电并网功率的性能指标如下:

$$\Delta P_{G,\text{max}} = \max\left(\left|\{\Delta P_G(t), t = 1, 2, \cdots, T-1\}\right|\right) \tag{11-13}$$

$$\Delta P_{G,\text{mean}} = \frac{1}{T-1} \sum_{t=1}^{T-1} \left|\Delta P_G(t)\right| \tag{11-14}$$

$$Q_G = \sum_{t=0}^{T-1} P_G(t) \Delta T \tag{11-15}$$

$$Q_B = \sum_{t=0}^{T-1} \left|P_B(t)\right| \Delta T \tag{11-16}$$

$$T_d = \Delta T \sum_{t=0}^{T-1} \left[h\left(\text{SOE}(t) \geqslant \text{SOE}^U\right) \bigcup h\left(\text{SOE}(t) \leqslant \text{SOE}^L\right) \right] \tag{11-17}$$

$$\text{Cap}_{\text{ESS}} = \sqrt{\frac{1}{T-1} \sum_{t=0}^{T-1} (\text{SOE}(t) - 0.5)^2} \tag{11-18}$$

式中, $\Delta P_{G,\text{max}}$ 、 $\Delta P_{G,\text{mean}}$ 为风电功率波动的最大值、平均值,其值越小表示平滑得越好,对电网冲击越小; Q_G 、 Q_B 为典型日内并网能量以及电池出力情况, Q_G 越大表示向电网输出的能量越大,风电利用率越高,而 Q_B 越大表示储能电池出力变化越多,对储能电池循环寿命影响越大; $T=24$,代表 1 个周期,即 1 天 24h; T_d 为储能死区时间,其值越大表示储能过度充放时间越长,储能电池寿命折损越严重，且风电功率波动对电网潜在影响越大，其中 $h(x)=1\times(x\geqslant0)+0\times(x<0)$；$\text{Cap}_{\text{ESS}}$ 为储能电池在典型日出力能力评价，其值越低表示储能电池在全天内充放电水平越强。

11.3.1　春季典型日场景模拟仿真

基于风电场春季典型日场景的实际风电功率数据和表 11-1 中的参数设置，对比不同优化目标，即三种方法下风储发电系统的并网功率、功率波动以及储能 SOE 变化，如图 11-5 所示。

从图 11-5(a)和(b)可以看出：在无储能平滑风电场功率波动的情况下，风电 1min 内有功功率波动最大值约为 10MW，而在储能系统参与后，风储并网功率基本满足并网功率波动 2.5MW 要求；对比不同优化目标下的储能平滑效果可以看出，在所提方法三，风储并网功率全天满足要求，而其他方法存在部分时刻（如

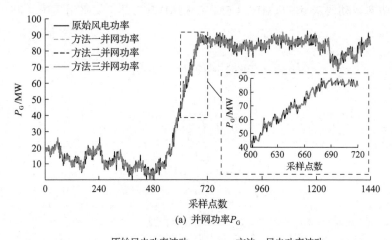

(a) 并网功率 P_G

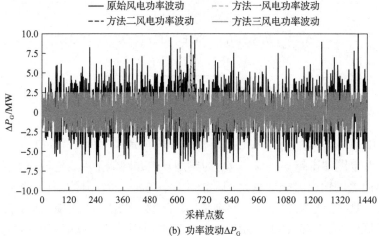

(b) 功率波动 ΔP_G

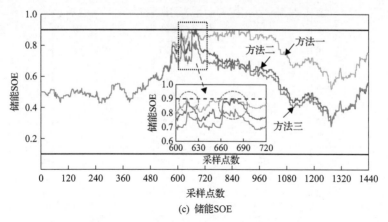

(c) 储能 SOE

图 11-5 并网功率、功率波动和储能 SOE($Q = 2$MW, $\delta = 2.5$MW 工况，春季典型日)

600~720 采样时段内)不能满足并网要求的情况，但方法二死区时间明显小于方法一，对比图 11-5(c)可以发现原因在于储能电池达到了充电上限，进入"死区"，无法继续平滑风电功率。储能电池在计及风电功率未来输出影响后(方法三)，优化储能运行策略进一步避免储能进入死区的可能性，提高储能平滑风电功率波动能力。

在采样点 667~681 时间段内，分析不同优化目标的优化过程，如图 11-6 所示。

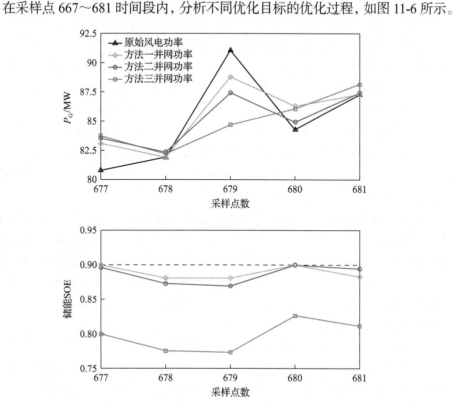

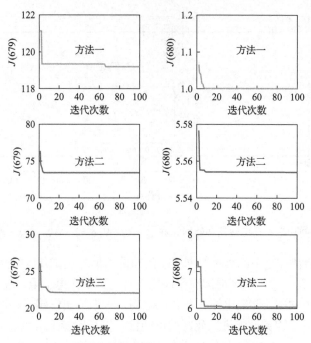

图 11-6　　不同优化结果分析($Q = 2\mathrm{MW}$, $\delta = 2.5\mathrm{MW}$ 工况)

从图 11-6 中可以看出，在不同时刻(679 和 680)下，3 种优化目标在 PSO 算法优化下，均完成了收敛过程。在决策 679 采样时刻并网功率时，结合 678 时刻 3 种方法的并网功率约为 82.5MW，而 679 时刻风电输出功率约为 91MW，功率波动约为 9.5MW。此时方法一和二中储能 SOE 已接近充电上限，为减小对电网的冲击，储能电池以达到充电上限的方式充电，在 680 时刻达到充电上限，且在 679 时刻两种方法的并网波动仍达到约 6.5MW 和 5MW。而本书在计及储能输出能力和未来风电功率影响的前提下，在 679 时刻储能 SOE 仍有较强的充放电能力，故可以完成并网功率波动 2.5MW 的要求。

为进一步说明本书方法的优势，改变储能电池容量 $Q \in \{1\mathrm{MW}, 2\mathrm{MW}, 4\mathrm{MW}\}$ 和并网功率波动要求 $\delta \in \{1\mathrm{MW}, 1.5\mathrm{MW}, 2.5\mathrm{MW}\}$，对比不同方法下的结果，图 11-7 和图 11-8 表示并网功率平滑情况及储能 SOE 变化，而图 11-9 和图 11-10 表示一个典型日内储能电池 SOE 在不同区间段内的频数(时间)，横轴编号为 i，纵轴表示储能 SOE $\in [i \times 0.1, (i+1) \times 0.1]$ 的数量。结合式(11-13)~式(11-18)，计算具体评价指标，如表 11-3 和表 11-4 所示。

从图 11-7、图 11-9 及表 11-3 可以得到如下结论。

(1)从图 11-7 和表 11-3 风储运行指标发现，在不同储能电池容量下，相比于其他方法，采用方法三后，风储并网功率波动 $\Delta P_{\mathrm{G,max}}$ 和 $\Delta P_{\mathrm{G,mean}}$ 均有减小，虽然

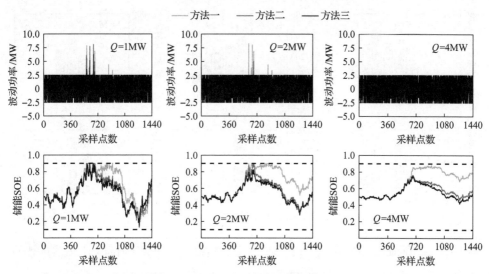

图 11-7　在不同储能电池容量(Q)下功率波动和能量状态(春季典型日)

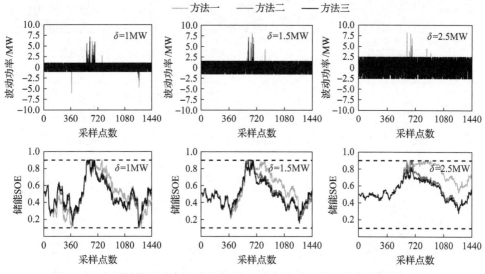

图 11-8　在不同并网功率波动要求(δ)下功率波动和能量状态(春季典型日)

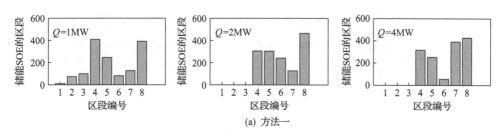

(a) 方法一

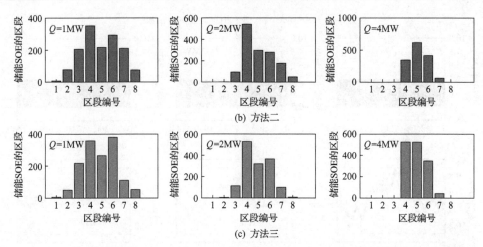

(b) 方法二

(c) 方法三

图 11-9　在不同储能电池容量(Q)下的一典型日内储能不同 SOE 区段时间统计(春季典型日)

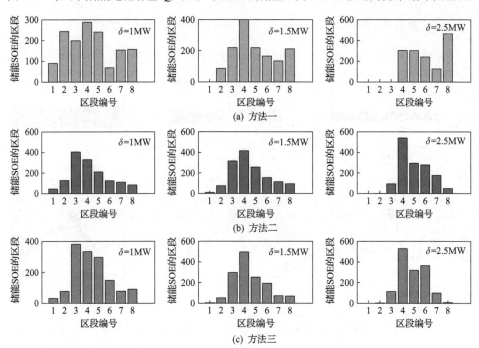

(a) 方法一

(b) 方法二

(c) 方法三

图 11-10　在不同并网功率波动要求(δ)下的一典型天内储能不同 SOE 区段时间统计(春季典型日)

表 11-3　不同储能电池容量下的性能指标(春季典型日)

Q/MW	方法	$\Delta P_{G,max}$/MW	$\Delta P_{G,mean}$/MW	Q_G/(MW·h)	Q_B/(MW·h)	T_d/min	Cap_{ESS}
	方法一	7.844	1.655	1278.75	11.222	45	0.217
1	方法二	8.076	1.642	1278.69	12.120	5	0.173
	方法三	6.278	1.632	1278.66	12.516	2	0.155

续表

Q/MW	方法	$\Delta P_{G,max}$/MW	$\Delta P_{G,mean}$/MW	Q_G/(MW·h)	Q_B/(MW·h)	T_d/min	Cap_{ESS}
2	方法一	8.235	1.645	1278.35	11.538	33	0.228
	方法二	5.079	1.631	1278.76	12.569	2	0.142
	方法三	2.500	1.623	1278.74	12.607	0	0.120
4	方法一	2.500	1.627	1277.62	11.882	0	0.235
	方法二	2.500	1.623	1278.52	12.343	0	0.107
	方法三	2.500	1.624	1278.71	12.632	0	0.094

表 11-4　不同并网功率波动要求下的性能指标(春季典型日)

δ/MW	方法	$\Delta P_{G,max}$/MW	$\Delta P_{G,mean}$/MW	Q_G/(MW·h)	Q_B/(MW·h)	T_d/min	Cap_{ESS}
1	方法一	6.891	0.899	1279.05	27.150	44	0.211
	方法二	7.107	0.876	1278.82	27.867	25	0.180
	方法三	6.053	0.867	1278.78	27.952	7	0.167
1.5	方法一	8.015	1.187	1278.94	20.508	21	0.191
	方法二	7.303	1.176	1278.94	21.144	10	0.164
	方法三	6.142	1.159	1278.82	21.607	1	0.146
2.5	方法一	8.235	1.655	1278.35	11.538	33	0.228
	方法二	5.079	1.631	1278.76	12.569	2	0.142
	方法三	2.500	1.623	1278.74	12.607	0	0.120

储能电池充放电输出能量 Q_B 增加,但是大大降低了储能死区时间 T_d,增强了风储并网的可靠性。

(2)从图 11-9 及表 11-3 中 Cap_{ESS} 指标看出,方法三在满足并网要求的前提下,大大减小了储能 SOE 进入过充过放区域的次数,可以有效地维持储能电池出力水平。

(3)对比表 11-3 中运行指标发现,在 Q=2MW 时,方法三所得运行评价指标,与方法一和二在 Q=4MW 时的情况基本一致,这说明应用方法三平抑风电波动,可以适当降低储能电池容量,优化风储投入成本,提高经济性。

从图 11-8、图 11-10 以及表 11-4 可以看出:随着电网对风储并网功率波动要求的提高,相同储能电池容量下风储系统有功功率波动对于电网的影响加剧,储能电池输出总能量增加,进而需要增加储能容量平滑此影响。结合图 11-7 和表 11-3 的结论可知,在储能电池容量一定的前提下,本书所提出的计及储能电池输出能力和未来风电功率影响的储能优化运行方法,可以更容易、经济地满足电网对有功功率越来越严格的需求。

11.3.2　秋季典型日场景模拟仿真

为验证所述方法的适用性,利用该风电场秋季典型日的实际风电功率数据进行对比实验,仿真参数保持一致,风储发电系统的并网功率、功率波动以及储能 SOE 变化,如图 11-11 所示。

从图 11-11(a)和(b)中可以看出,在无储能系统的情况下,风电并网功率波动达到 10MW,而采用基于传统方法 $\alpha=0$、$\beta=0$ 的储能运行方案,风储系统并网功率波动大幅降低,但仍存在部分时刻大于并网功率波动要求的 2.5MW,若应用方法三则风储并网功率均满足要求。从图 11-11(c)中可以看出,应用本书所提的储能运行方案,储能 SOE 维持在 0.25~0.75 以内,具有更强的平滑风电功率波动能力。

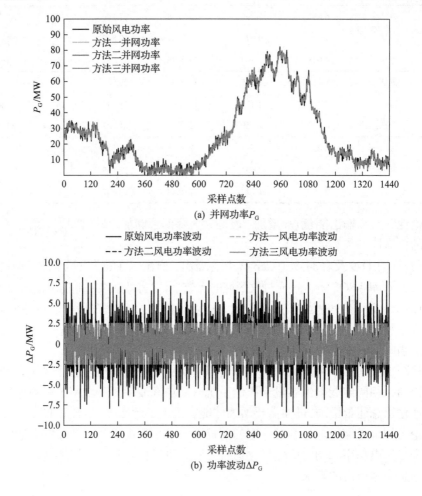

(a) 并网功率P_G

(b) 功率波动ΔP_G

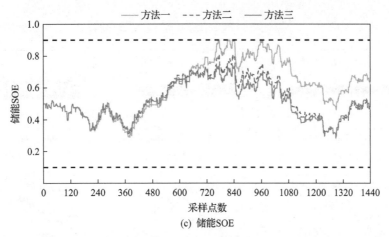

图 11-11　并网功率、功率波动和储能 SOE($Q = 2MW$, $\delta = 2.5MW$ 工况，秋季典型日)

(彩图扫二维码)

　　对比不同储能容量和并网功率波动要求的情况下，不同风储优化运行方案，如图 11-12～图 11-15 所示，具体指标结果如表 11-5 和表 11-6 所示。其中图 11-12、图 11-14 和表 11-5 是储能电池容量变化的运行结果，图 11-13、图 11-15 和表 11-6 是并网功率波动要求变化的运行结果。

　　从图 11-13～图 11-15 及表 11-5、表 11-6 某风电场秋季典型日内运行结果可以看出，本书所提优化储能运行方案与春季典型日运行结果所得结论一致。

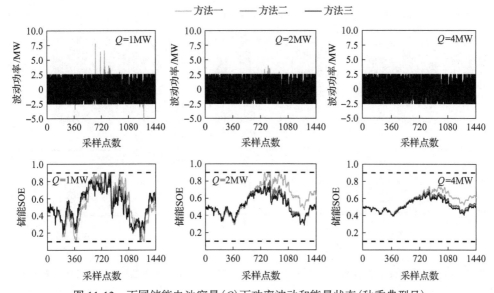

图 11-12　不同储能电池容量(Q)下功率波动和能量状态(秋季典型日)

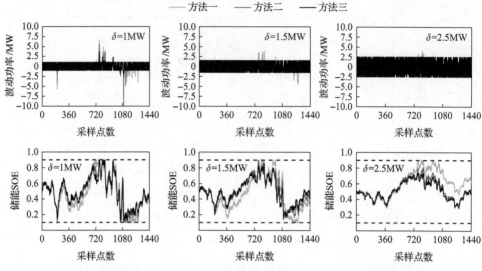

图 11-13　不同并网功率波动要求(δ)下功率波动和能量状态(秋季典型日)

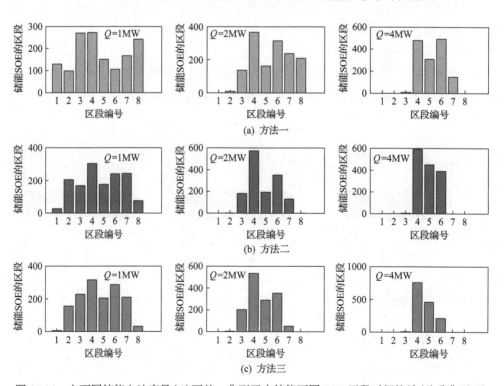

图 11-14　在不同储能电池容量(Q)下的一典型天内储能不同 SOE 区段时间统计(秋季典型日)

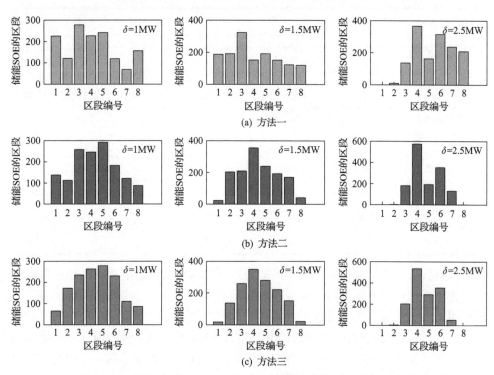

图 11-15　不同并网功率波动要求(δ)下的一典型日内储能不同 SOE 区段时间统计(秋季典型日)

表 11-5　不同储能电池容量下的性能指标(秋季典型日)

Q/MW	方法	$\Delta P_{G,max}$ /MW	$\Delta P_{G,mean}$ /MW	Q_G /(MW·h)	Q_B /(MW·h)	T_d /min	Cap$_{ESS}$
1	方法一	7.748	1.655	618.47	13.72	56	0.227
	方法二	3.599	1.638	618.37	14.87	6	0.194
	方法三	2.500	1.634	618.36	15.09	0	0.172
2	方法一	3.980	1.640	618.15	13.98	21	0.191
	方法二	2.500	1.640	618.49	14.50	0	0.131
	方法三	2.500	1.635	618.46	14.67	0	0.113
4	方法一	2.500	1.637	617.97	14.09	0	0.117
	方法二	2.500	1.639	618.34	14.33	0	0.082
	方法三	2.500	1.628	618.44	14.75	0	0.070

表 11-6　不同并网功率波动要求（δ）下的性能指标（秋季典型日）

δ/MW	方法	$\Delta P_{G,max}$ /MW	$\Delta P_{G,mean}$ /MW	Q_G /(MW·h)	Q_B /(MW·h)	T_d /min	Cap_{ESS}
	方法一	6.582	0.890	618.76	31.34	62	0.226
1	方法二	5.682	0.865	618.74	32.73	17	0.197
	方法三	3.651	0.856	618.70	33.43	1	0.184
	方法一	3.987	1.164	618.84	24.11	31	0.220
1.5	方法二	3.469	1.147	618.69	25.18	1	0.173
	方法三	1.500	1.150	618.57	25.82	0	0.157
	方法一	3.980	1.640	618.15	13.98	21	0.191
2.5	方法二	2.500	1.640	618.49	14.50	0	0.131
	方法三	2.500	1.635	618.46	14.67	0	0.113

　　本章所研究的计及储能电池输出能力及预测未来风电输出功率的粒子群实时滚动优化风储运行方法，可在平滑风电并网功率的前提下，降低储能电池进入死区时间，维持储能高充放电水平。与传统储能电池运行方法相比，本书提出的风储联合运行系统的实时滚动优化控制策略可以在降低储能容量的情况下，满足相同平滑指标要求，提高风储联合发电系统的经济性，或者在储能容量相同的前提下，满足更严苛的并网功率波动要求，提高储能系统平滑能力、风电功率渗透率及风电消纳水平，降低风电功率波动对电网的影响。

第12章 分散式风氢耦合与区域共享储能系统

为解决分散式风电的随机性与波动性问题，现阶段通常在发电侧配置储能以减少弃风量，提高发电利用小时数。目前，学术界对分散式风电场储能容量优化配置研究较为深入，但对独立配置储能所导致的储能资源闲置问题考虑较少。分散式风电配置独立储能导致初始投资成本较高，为降低投资回收期，提高储能利用率，本章考虑分散式风电出力及负荷需求的互补特性，在分散式风电与氢能耦合的用户群引入区域共享储能，上层以区域共享储能日运行成本最低为目标，下层以分散式风电用户日运行成本最低为目标，在 MATLAB 环境下利用 YALMIP工具箱，建立双层规划模型，并引入拉格朗日(Lagrange)乘数法与 KKT(Karush Kuhn Tucker，KKT)条件，将下层模型转化为上层模型的约束条件，最后利用CPLEX 求解器对模型进行求解。

12.1 风氢耦合系统的区域共享结构

在分散式风电与氢能耦合的用户群间引入区域共享储能，建立以区域共享储能收益最高与风氢耦合用户群日运行成本最优为目标的双层规划模型，分析用户群接入区域共享储能后的充放电行为和经济效益，力求在减少初始投建成本的同时提高系统整体的经济性。双层规划一般具备下述 4 个特点。

(1)层次且自主性。将所需求解的问题划分为两层，各层均拥有自主权，上层起主导作用并对下层模型的优化结果产生间接的影响，下层规划在上层规划的决策范围内可以自主优化自身的目标函数。

(2)冲突且依赖性。双层规划的上层目标函数和下层目标函数不同，且两者之间通常存在矛盾，上下两层规划的策略集是息息相关且密不可分的。

(3)独立且制约性。从数学模型的角度来看，两个层次的模型都有各自的目标函数和限制条件，它们都是独立的；同时，上下层之间存在制约关系，下层优化自身的目标函数时，会在一定程度上影响到上层规划的结果，所以上层规划在决策问题上需考虑下层规划的决策对自身的作用。

(4)优先性。下层模型决策优先级低于上层模型，下层模型在上层模型决策之后才能进行决策，且要遵循上层模型的决策要求。

参与区域共享服务的分散式风电用户群拓扑结构如图 12-1 所示，用户侧由分散式风电（风机）、电锅炉、制氢电解槽与氢燃料电池组成风氢耦合系统，各用户不再独立配置储能，而是由区域共享储能提供储能服务。各用户内部电负荷由分散式风电与氢燃料电池提供，不足部分可向区域共享储能购电或直接向电网购电；同时，根据就近消纳的原则，各用户多余电量只可向区域共享储能售出，无法向电网售出。用户内部热负荷由电锅炉与氢燃料电池共同提供。为降低用户储氢成本，电解槽产生的氢气除供给氢燃料电池外，还直接通过外部氢气网络出售，同时氢燃料电池所需氢气不足部分，也可通过外部氢气网络直接购买。

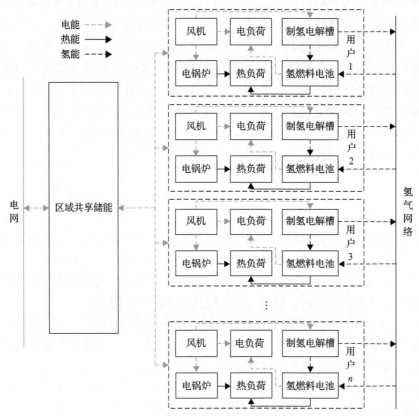

图 12-1　参与区域共享服务的分散式风电用户群拓扑结构图

12.2　上层区域共享储能优化配置模型

当前用户侧储能投资成本大、投资回收周期长（最优配置容量不清晰、峰谷价差不足、需求侧响应机制不健全）、验收标准不清晰等问题限制了用户侧储能的广泛使用。区域共享储能可以缓解并解决上述问题，共享储能将分散在用户侧的储能集中在一起，可以实现如下三点提升。首先，服务的用户更多。在同样的投资成本下，通过共享及复用储能的能力，可以服务更多的用户；共享储能利用不同用户在相同时刻、相同用户在不同时刻的负荷差异性和互补性，最大限度以投资最少的储能来满足客户储能使用需求。其次，收入的方式更多样化。共享储能利用其规模效益，获得比用户投资分布式储能更低的单位储能投资成本，通过收取服务费为用户提供储能服务；通过集中管理便于全生命周期的运维及降本；通过参与电力市场的峰谷价差套利或需求侧响应争取额外收益。最后，共享储能在安全监督、投运验收等各类手续办理方面可以参照涉网标准，更易于批准及运营。

共享储能是以电网为纽带，将独立分散的电网侧、电源侧及用户侧储能电站资源整合，并统一协调服务于网内相关主体，在源、网、荷各端全面释放能力，充分发挥储能电站的价值。区域共享储能的收益主要来自三个方面：第一，区域共享储能为用户提供区域共享储能服务的服务费用，按用户与区域共享储能间的电能传输量进行收费；第二，用户存电能到区域共享储能与用户从区域共享储能取回电能的结算价格差；第三，区域共享储能作为独立主体参与省级电网公司组织的需求侧响应并获得补偿收益。考虑到需求侧响应政策仍不完备，本节仅研究前两方面。

12.2.1 上层模型目标函数

上层模型以区域共享储能日运行成本最优为目标构建目标函数，其决策变量为区域共享储能的最大容量及最大充放电功率，目标函数可表示为

$$\min\left(C_{\text{inv}} + C_{\text{b}} - C_{\text{s}} - C_{\text{serve}}\right) \tag{12-1}$$

式中，C_{inv} 为区域共享储能日均投资维护成本；C_{b} 为区域共享储能向微电网购电的成本；C_{s} 为区域共享储能向微电网售电的收益；C_{serve} 为区域共享储能收取的服务费。

（1）区域共享储能日均投资维护成本：

$$C_{\text{inv}} = \frac{\lambda_{\text{P}} P_{\text{ess}}^{\max} + \lambda_{\text{E}} E_{\text{ess}}^{\max}}{T_{\text{ess}}} + K_{\text{OM}} \tag{12-2}$$

式中，λ_{P} 为区域共享储能单位功率成本；λ_{E} 为区域共享储能单位容量成本；$P_{\text{ess}}^{\max}$、$E_{\text{ess}}^{\max}$ 分别为区域共享储能最大功率和最大容量；T_{ess} 为区域共享储能预期使用天数；K_{OM} 为区域共享储能日均运维成本。

（2）区域共享储能向微电网购电的成本：

$$C_{\mathrm{b}} = \sum_{i=1}^{N} \sum_{t=1}^{T} \lambda_{\mathrm{eb},t} \cdot P_{\mathrm{ess,b},i,t} \cdot \Delta t \tag{12-3}$$

式中，N 为用户个数；T 为调度周期时段数；$\lambda_{\mathrm{eb},t}$ 为 t 时段区域共享储能向用户购电的电价；$P_{\mathrm{ess,b},i,t}$ 为 t 时段区域共享储能向第 i 个用户购电的功率；Δt 为调度时段。

(3) 区域共享储能向微电网售电的收益：

$$C_{\mathrm{s}} = \sum_{i=1}^{N} \sum_{t=1}^{T} \lambda_{\mathrm{es},t} \cdot P_{\mathrm{ess,s},i,t} \cdot \Delta t \tag{12-4}$$

式中，$\lambda_{\mathrm{es},t}$ 为 t 时段区域共享储能向用户售电的电价；$P_{\mathrm{ess,s},i,t}$ 为 t 时段区域共享储能向第 i 个用户售电的功率。

(4) 区域共享储能收取的服务费：

$$C_{\mathrm{serve}} = \sum_{i=1}^{N} \sum_{t=1}^{T} \lambda_{\mathrm{ef},t} \cdot \left(P_{\mathrm{ess,b},i,t} + P_{\mathrm{ess,s},i,t} \right) \cdot \Delta t \tag{12-5}$$

式中，$\lambda_{\mathrm{ef},t}$ 为 t 时段区域共享储能向用户收取的服务费单价，单位是元/(kW·h)。

12.2.2　上层模型约束条件

(1) 区域共享储能能量倍率约束，区域共享储能最大容量和最大功率成正比：

$$E_{\mathrm{ess}}^{\max} = k \cdot P_{\mathrm{ess}}^{\max} \tag{12-6}$$

式中，k 为区域共享储能能量倍率。

(2) 区域共享储能荷电状态和充放电功率约束：

$$\begin{cases} E_{\mathrm{ess},t} = E_{\mathrm{ess},t-1} + \left(\eta_{\mathrm{chr}} \cdot P_{\mathrm{ess,chr},t} - \dfrac{1}{\eta_{\mathrm{dis}}} \cdot P_{\mathrm{ess,dis},t} \right) \cdot \Delta t \\[2mm] E_{\mathrm{ess},0} = E_{\mathrm{ess},t} = 30\% E_{\mathrm{ess}}^{\max} \\[2mm] 10\% E_{\mathrm{ess}}^{\max} \leqslant E_{\mathrm{ess},t} \leqslant 90\% E_{\mathrm{ess}}^{\max} \\[2mm] 0 \leqslant P_{\mathrm{ess,chr},t} \leqslant \xi_{\mathrm{chr},t} P_{\mathrm{ess}}^{\max} \\[2mm] 0 \leqslant P_{\mathrm{ess,dis},t} \leqslant \xi_{\mathrm{dis},t} P_{\mathrm{ess}}^{\max} \\[2mm] \xi_{\mathrm{chr},t} + \xi_{\mathrm{dis},t} \leqslant 1 \\[2mm] \xi_{\mathrm{chr},t} \in \{0,1\} \\[2mm] \xi_{\mathrm{dis},t} \in \{0,1\} \end{cases} \tag{12-7}$$

式中，$E_{\mathrm{ess},t}$ 为区域共享储能储存的能量；η_{chr}、η_{dis} 为区域共享储能的充、放电效率；$P_{\mathrm{ess,chr},t}$、$P_{\mathrm{ess,dis},t}$ 分别为 t 时段区域共享储能的充、放电功率；$E_{\mathrm{ess},0}$、$E_{\mathrm{ess},t}$ 分别为区域共享储能在调度初始时段、最终时段储存的能量；$\xi_{\mathrm{chr},t}$、$\xi_{\mathrm{dis},t}$ 分别为区域共享储能 t 时段充、放电状态变量，为 0-1 变量。

12.3　下层风氢耦合系统优化运行模型

12.3.1　设备模型

1）电解槽模型

在电解槽产品中，碱式电解槽由于技术成熟、结构简单、安全稳定、产业链配套齐全、成本较低等优点，在国内外市场已占据主导地位，在国内的新能源制氢项目及工业制氢领域成为现阶段电解水制氢的主角。本节选用碱式电解槽来构建电解槽模型，在稳态下，电解槽产氢速率和电解槽耗电功率可近似用线性关系描述。

$$M_{\mathrm{H_2},i,t}^{\mathrm{P}} = \eta_{\mathrm{EL}} \cdot P_{\mathrm{EL},i,t} \cdot \Delta t \tag{12-8}$$

式中，$M_{\mathrm{H_2},i,t}^{\mathrm{P}}$ 为 t 时段第 i 个用户电解槽产氢量；$P_{\mathrm{EL},i,t}$ 为 t 时段第 i 个用户电解槽功率；η_{EL} 为电解槽单位电量产氢率。

2）燃料电池模型

燃料电池是一种把燃料所具有的化学能直接转换成电能的化学装置。其中，质子交换膜燃料电池具有功率密度大、重量轻、体积小、寿命长、工艺成熟、可低温下快速启动和工作等优点，被认为是发电及车用燃料电池最理想的技术方案。

$$\begin{cases} P_{\mathrm{FC},i,t}^{\mathrm{e}} = \left(\eta_{\mathrm{FC}} \cdot M_{\mathrm{H_2},i,t}^{\mathrm{c}} \cdot L_{\mathrm{H_2}} \right) / \Delta t \\ P_{\mathrm{FC},i,t}^{\mathrm{h}} = \beta_{\mathrm{FC}} \cdot P_{\mathrm{FC},i,t}^{\mathrm{e}} \end{cases} \tag{12-9}$$

式中，$P_{\mathrm{FC},i,t}^{\mathrm{e}}$、$P_{\mathrm{FC},i,t}^{\mathrm{h}}$ 分别为 t 时段第 i 个用户燃料电池电、热功率；η_{FC} 为燃料电池电效率；$M_{\mathrm{H_2},i,t}^{\mathrm{c}}$ 为 t 时段第 i 个用户燃料电池耗氢量；$L_{\mathrm{H_2}}$ 为 H_2 低位燃烧热值；β_{FC} 为燃料电池热电比。

3）电锅炉模型

电锅炉是将电能转换为热能的装置。燃料电池在发电的同时也产生热能，与电锅炉共同供热。

$$H_{EB,i,t} = \eta_{EB} \cdot P_{EB,i,t} \tag{12-10}$$

式中，$P_{EB,i,t}$、$H_{EB,i,t}$ 分别为 t 时段第 i 个用户电锅炉的电、热功率；η_{EB} 为电锅炉效率。

12.3.2　下层模型目标函数

下层模型目标函数为基于区域共享储能服务的风氢耦合系统日运行成本最低，即

$$\min\left(C_{EL} + C_{H_2} + C_{grid} + C_s + C_{serve} - C_b \right) \tag{12-11}$$

式中，C_{EL} 为电解槽运维成本；C_{H_2} 为氢能交易费用；C_{grid} 为电网购电成本。

（1）电解槽运维成本：

$$C_{EL} = \sum_{i=1}^{N} \sum_{t=1}^{T} \lambda_{EL} \cdot P_{EL,i,t} \cdot \Delta t \tag{12-12}$$

式中，λ_{EL} 为电解槽单位运维成本。

（2）氢能交易费用。为减少储氢成本，本节假设氢气生产系统与输运管网直接相连，即风氢耦合系统内产生的氢气优先供应给燃料电池，当氢气量不足时，从外部购买氢气；当氢气量富余时，向外部直接出售氢气，因此，氢能交易费用可具体表示为

$$C_{H_2} = \sum_{i=1}^{N} \sum_{t=1}^{T} \lambda_{H_2} \cdot \left(M_{H_2,i,t}^{c} - M_{H_2,i,t}^{P} \right) \cdot \Delta t \tag{12-13}$$

式中，λ_{H_2} 为单位氢气交易价格。

（3）电网购电成本：

$$C_{grid} = \sum_{i=1}^{N} \sum_{t=1}^{T} \lambda_{grid,t} \cdot P_{grid,i,t} \cdot \Delta t \tag{12-14}$$

式中，$\lambda_{grid,t}$ 为分时电价；$P_{grid,i,t}$ 为 t 时段第 i 个用户电网购电功率。

12.3.3　下层模型约束条件

(1) 电功率平衡约束：

$$P_{\text{WT},i,t} + P_{\text{FC},i,t}^{\text{e}} + P_{\text{grid},i,t} + P_{\text{ess,s},i,t} - P_{\text{ess,b},i,t} - P_{\text{EL},i,t} - P_{\text{EB},i,t} - P_{\text{load},i,t} = 0, \delta_{1,i,t}$$
(12-15)

式中，$P_{\text{WT},i,t}$ 为 t 时段第 i 个用户风电功率；$P_{\text{load},i,t}$ 为 t 时段第 i 个用户电负荷功率。

(2) 热功率平衡约束：

$$H_{\text{EB},i,t} + P_{\text{FC},i,t}^{\text{h}} - H_{\text{load},i,t} = 0, \delta_{2,i,t}$$
(12-16)

式中，$H_{\text{load},i,t}$ 为 t 时段第 i 个用户热负荷功率。

(3) 区域共享储能充放电功率平衡约束。各用户与区域共享储能购售电之和为区域共享储能的充放电功率。

$$\sum_{i=1}^{N}\left(P_{\text{ess,s},i,t} - P_{\text{ess,b},i,t}\right) = P_{\text{ess,chr},t} - P_{\text{ess,dis},t}, \delta_{3,i,t}$$
(12-17)

(4) 风氢耦合系统设备出力约束：

$$\begin{cases} P_{\text{FC,min}}^{\text{e}} \leqslant P_{\text{FC},i,t}^{\text{e}} \leqslant P_{\text{FC,max}}^{\text{e}} : \mu_{1,i,t}^{\min}, \mu_{1,i,t}^{\max} \\ P_{\text{EL,min}} \leqslant P_{\text{EL},i,t} \leqslant P_{\text{EL,max}} : \mu_{2,i,t}^{\min}, \mu_{2,i,t}^{\max} \\ P_{\text{EB,min}} \leqslant P_{\text{EB},i,t} \leqslant P_{\text{EB,max}} : \mu_{3,i,t}^{\min}, \mu_{3,i,t}^{\max} \\ P_{\text{grid,min}} \leqslant P_{\text{grid},i,t} \leqslant P_{\text{grid,max}} : \mu_{4,i,t}^{\min}, \mu_{4,i,t}^{\max} \end{cases}$$
(12-18)

式中，$P_{\text{FC,min}}^{\text{e}}$、$P_{\text{FC,max}}^{\text{e}}$ 分别为燃料电池电功率的最小、最大值；$P_{\text{EL,min}}$、$P_{\text{EL,max}}$ 分别为碱式电解槽消耗电功率的最小、最大值；$P_{\text{EB,min}}$、$P_{\text{EL,max}}$ 分别为电锅炉消耗电功率的最小、最大值；$P_{\text{grid,min}}$、$P_{\text{grid,max}}$ 分别为电网购电功率的最小、最大值。

(5) 用户与区域共享储能间购售电功率约束：

$$\begin{cases} 0 \leqslant P_{\text{ess,b},i,t} \leqslant P_{\text{ess,mg}}^{\max} \cdot \xi_{\text{buy},i,t} : \mu_{5,i,t}^{\min}, \mu_{5,i,t}^{\max} \\ 0 \leqslant P_{\text{ess,s},i,t} \leqslant P_{\text{ess,mg}}^{\max} \cdot \xi_{\text{sale},i,t} : \mu_{6,i,t}^{\min}, \mu_{6,i,t}^{\max} \\ 0 \leqslant \xi_{\text{buy},i,t} + \xi_{\text{sale},i,t} \leqslant 1 : \mu_{7,i,t}^{\min}, \mu_{7,i,t}^{\max} \end{cases}$$
(12-19)

式中，$P_{\text{ess,mg}}^{\max}$ 为区域共享储能与用户间最大交互功率；$\xi_{\text{buy},i,t}$、$\xi_{\text{sale},i,t}$ 分别为区域共享储能 t 时段向用户购、售电状态变量，为 0-1 变量。

$\delta_{1,i,t}$、$\delta_{2,i,t}$、$\delta_{3,i,t}$ 分别表示等式约束对应的拉格朗日乘子；$\mu_{1,i,t}^{\min}$、$\mu_{1,i,t}^{\max}$、$\mu_{2,i,t}^{\min}$、$\mu_{2,i,t}^{\max}$、$\mu_{3,i,t}^{\min}$、$\mu_{3,i,t}^{\max}$、$\mu_{4,i,t}^{\min}$、$\mu_{4,i,t}^{\max}$、$\mu_{5,i,t}^{\min}$、$\mu_{5,i,t}^{\max}$、$\mu_{6,i,t}^{\min}$、$\mu_{6,i,t}^{\max}$、$\mu_{7,i,t}^{\min}$、$\mu_{7,i,t}^{\max}$ 分别表示不等式约束对应的拉格朗日乘子。

12.4　模型转换过程

由于本书所提的区域共享储能容量优化配置模型为双层非线性模型，难以直接求解，因此，本节采用拉格朗日乘数法与 KKT 条件，将上述双层模型转换为单层模型，上述方法求解非线性规划问题的标准形式如下：

$$
\begin{aligned}
&\min f(x) \\
&\text{s.t.}\, g_j(x)=0, \quad j=1,\cdots,m \\
&\qquad h_k(x)\leqslant 0, \quad k=1,\cdots,n
\end{aligned}
\tag{12-20}
$$

定义其拉格朗日函数为

$$
L\left(x,\{\lambda_j\},\{\mu_k\}\right)=f(x)+\sum_{j=1}^{m}\lambda_j\cdot g_j+\sum_{k=1}^{n}\mu_k\cdot h_k
\tag{12-21}
$$

式中，λ_j 为等式约束对应的拉格朗日乘数；μ_k 为不等式约束对应的拉格朗日乘数。

则 KKT 条件包括

$$
\begin{cases}
\nabla_x L=0 \\
g_j(x)=0, \quad j=1,\cdots,m \\
h_k(x)\leqslant 0 \\
\mu_k\geqslant 0 \\
\mu_k\cdot h_k(x)=0, \quad k=1,\cdots,n
\end{cases}
\tag{12-22}
$$

12.4.1　下层模型拉格朗日函数

下层模型拉格朗日函数如下：

$$\sum_{i=1}^{N}\sum_{t=1}^{T}\Delta t \cdot \left[\lambda_{H_2} \cdot \left(\frac{P_{FC,i,t}^{e}}{\eta_{FC} \cdot L_{H_2}} - \eta_{EL} \cdot P_{EL,i,t} \right) + \lambda_{grid,t} \cdot P_{grid,i,t} + \lambda_{es,t} \cdot P_{ess,s,i,t} + \lambda_{EL} \cdot P_{EL,i,t} \right.$$

$$\left. + \lambda_{ef,t} \cdot \left(P_{ess,b,i,t} + P_{ess,s,i,t} \right) - \lambda_{eb,t} \cdot P_{ess,b,i,t} \right]$$

$$+ \delta_{1,i,t} \cdot \left(P_{WT,i,t} + P_{FC,i,t}^{e} + P_{grid,i,t} + P_{ess,s,i,t} - P_{ess,b,i,t} - P_{EL,i,t} - P_{EB,i,t} - P_{load,i,t} \right)$$

$$+ \delta_{2,i,t} \cdot \left(H_{EB,i,t} + P_{FC,i,t}^{h} - H_{load,i,t} \right)$$

$$+ \delta_{3,i,t} \cdot \left[\sum_{i=1}^{N} \left(P_{ess,s,i,t} - P_{ess,b,i,t} \right) - P_{ess,chr,t} + P_{ess,dis,t} + \mu_{1,i,t}^{min} \cdot \left(P_{FC,min}^{e} - P_{FC,1,t}^{e} \right) \right.$$

$$+ \mu_{1,i,t}^{max} \cdot \left(P_{FC,1,t}^{e} - P_{FC,max}^{e} \right) + \mu_{2,i,t}^{min} \cdot \left(P_{EL,min} - P_{EL,i,t} \right) + \mu_{2,i,t}^{max} \cdot \left(P_{EL,i,t} - P_{EL,max} \right)$$

$$+ \mu_{3,i,t}^{min} \cdot \left(P_{EB,min} - P_{EB,i,t} \right) + \mu_{3,i,t}^{max} \cdot \left(P_{EB,i,t} - P_{EB,max} \right) + \mu_{4,i,t}^{min} \cdot \left(P_{grid,min} - P_{grid,i,t} \right)$$

$$+ \mu_{4,i,t}^{max} \cdot \left(P_{grid,i,t} - P_{grid,max} \right) - \mu_{5,i,t}^{min} \cdot P_{ess,b,i,t} + \mu_{5,i,t}^{max} \cdot \left(P_{ess,b,i,t} - P_{ess,mg}^{max} \cdot \xi_{buy,i,t} \right)$$

$$- \mu_{6,i,t}^{min} \cdot P_{ess,s,i,t} + \mu_{6,i,t}^{max} \cdot \left(P_{ess,s,i,t} - P_{ess,mg}^{max} \cdot \xi_{sale,i,t} \right) - \mu_{7,i,t}^{min} \cdot \left(\xi_{buy,i,t} + \xi_{sale,i,t} \right)$$

$$\left. + \mu_{7,i,t}^{max} \cdot \left(\xi_{buy,i,t} + \xi_{sale,i,t} - 1 \right) \right]$$

$$(12\text{-}23)$$

12.4.2　KKT 条件转换

利用 KKT 条件转化后的单层模型约束包括

$$\begin{cases} \lambda_{EL} - \lambda_{H_2} \cdot \eta_{EL} - \delta_{1,i,t} + \mu_{2,i,t}^{max} - \mu_{2,i,t}^{min} = 0 \\[2mm] \dfrac{\lambda_{H_2}}{\eta_{FC} \cdot L_{H_2}} + \delta_{1,i,t} + \delta_{2,i,t} \cdot \beta_{FC} + \mu_{1,i,t}^{max} - \mu_{1,i,t}^{min} = 0 \\[2mm] \lambda_{grid,t} + \delta_{1,i,t} + \mu_{4,i,t}^{max} - \mu_{4,i,t}^{min} = 0 \\[2mm] \lambda_{es,t} + \lambda_{ef,t} + \delta_{1,i,t} + \delta_{3,i,t} + \mu_{6,i,t}^{max} - \mu_{6,i,t}^{min} = 0 \\[2mm] -\delta_{1,i,t} + \delta_{2,i,t} \cdot \eta_{EB} + \mu_{3,i,t}^{max} - \mu_{3,i,t}^{min} = 0 \\[2mm] -\mu_{5,i,t}^{max} \cdot P_{ess,mg}^{max} + \mu_{7,i,t}^{max} - \mu_{7,i,t}^{min} = 0 \\[2mm] -\mu_{6,i,t}^{max} \cdot P_{ess,mg}^{max} + \mu_{7,i,t}^{max} - \mu_{7,i,t}^{min} = 0 \end{cases} \quad (12\text{-}24)$$

$$\begin{cases} 0 \leqslant \mu_{1,i,t}^{\min} \perp \left(P_{\mathrm{FC},i,t}^{\mathrm{e}} - P_{\mathrm{FC},\min}^{\mathrm{e}} \right) \geqslant 0 \\ 0 \leqslant \mu_{1,i,t}^{\max} \perp \left(P_{\mathrm{FC},\max}^{\mathrm{e}} - P_{\mathrm{FC},i,t}^{\mathrm{e}} \right) \geqslant 0 \\ 0 \leqslant \mu_{2,i,t}^{\min} \perp \left(P_{\mathrm{EL},i,t} - P_{\mathrm{EL},\min} \right) \geqslant 0 \\ 0 \leqslant \mu_{2,i,t}^{\max} \perp \left(P_{\mathrm{EL},\max} - P_{\mathrm{EL},i,t} \right) \geqslant 0 \\ 0 \leqslant \mu_{3,i,t}^{\min} \perp \left(P_{\mathrm{EB},i,t} - P_{\mathrm{EB},\min} \right) \geqslant 0 \\ 0 \leqslant \mu_{3,i,t}^{\max} \perp \left(P_{\mathrm{EB},\max} - P_{\mathrm{EB},i,t} \right) \geqslant 0 \\ 0 \leqslant \mu_{4,i,t}^{\min} \perp \left(P_{\mathrm{grid},i,t} - P_{\mathrm{grid},\min} \right) \geqslant 0 \\ 0 \leqslant \mu_{4,i,t}^{\max} \perp \left(P_{\mathrm{grid},\max} - P_{\mathrm{grid},i,t} \right) \geqslant 0 \\ 0 \leqslant \mu_{5,i,t}^{\min} \perp P_{\mathrm{ess,b},i,t} \geqslant 0 \\ 0 \leqslant \mu_{5,i,t}^{\max} \perp \left(P_{\mathrm{ess,mg}}^{\max} \cdot \xi_{\mathrm{buy},i,t} - P_{\mathrm{ess,b},i,t} \right) \geqslant 0 \\ 0 \leqslant \mu_{6,i,t}^{\min} \perp P_{\mathrm{ess,s},i,t} \geqslant 0 \\ 0 \leqslant \mu_{6,i,t}^{\max} \perp \left(P_{\mathrm{ess,mg}}^{\max} \cdot \xi_{\mathrm{sale},i,t} - P_{\mathrm{ess,s},i,t} \right) \geqslant 0 \\ 0 \leqslant \mu_{7,i,t}^{\min} \perp \left(\xi_{\mathrm{buy},i,t} + \xi_{\mathrm{sale},i,t} \right) \geqslant 0 \\ 0 \leqslant \mu_{7,i,t}^{\max} \perp \left(1 - \xi_{\mathrm{buy},i,t} - \xi_{\mathrm{sale},i,t} \right) \geqslant 0 \end{cases} \tag{12-25}$$

式中，$0 \leqslant a \perp b \leqslant 0$ 表示 $a \geqslant 0$、$b \leqslant 0$ 且 $a \cdot b = 0$。

12.4.3　模型线性化与求解

本节采用拉格朗日乘数法与 KKT 条件,将下层风氢耦合系统优化运行模型转化为上层模型的约束条件，此时该模型为 0-1 混合整数线性规划(mixed integer linear problem，MILP)模型，该模型的标准形式如下：

$$\begin{cases} \min \ F(x) \\ \text{s.t.} \quad h_i(x) = 0, \quad i = 1,2,\cdots,m \\ \qquad\quad g_j(x) \leqslant 0, \quad j = 1,2,\cdots,n \\ x_{\min} \leqslant x \leqslant x_{\max} \\ x_k \in \{0,1\} \end{cases} \tag{12-26}$$

式中，$F(x)$ 为目标函数；x 为待优化变量；$h_i(x) = 0$ 为等式约束；$g_j(x) \leqslant 0$ 为不等式约束；$x_{\max}$、$x_{\min}$ 分别为变量的上、下限；x_k 为状态变量；m、n 分别为等式约束、不等式约束个数。针对该模型，本书在 MATLAB 环境下利用 YALMIP

构建综合能源系统(integrated energy system, IES)模型,并调用商业求解器 CPLEX 进行求解。YALMIP 是一种目前对于综合能源系统比较常见的建模工具,功能非常强大,可以实现算法和建模的分离从而实现简便、高效地编程,提升建模的效率。CPLEX 为 IBM 公司开发的一款成熟的商业求解器,能够对 MILP 模型进行高效准确的求解。

12.5　仿真结果分析

算例取自内蒙古自治区某地区 20MW 分散式风电用户群,该用户群包括 3 个用户,用户 1 包含两台 2MW 风机,用户 2 包含三台 2MW 风机,用户 3 包含五台 2MW 风机。风电机组日前预测功率如图 12-2 所示,电网电价、共享储能与用户交互电价如图 12-3 所示,系统中各参数见表 12-1,各用户内部接入的电、热负荷功率预测值如图 12-4、图 12-5 所示。

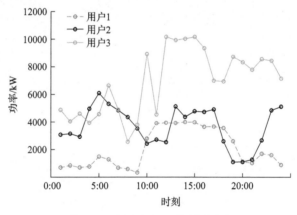

图 12-2　风电机组日前预测功率

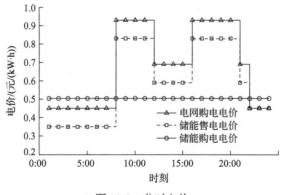

图 12-3　分时电价

表 12-1　系统参数

参数	数值
电解槽单位电量产氢率 η_{EL}	0.019224kg/(kW·h)
燃料电池电效率 η_{FC}	0.6
燃料电池热电比 β_{FC}	0.5
电锅炉效率 η_{EB}	0.95
区域共享储能预期使用天数 T_{ess}	2190
区域共享储能单位功率成本 λ_P	3600 元/kW
区域共享储能单位容量成本 λ_E	1800 元/(kW·h)
区域共享储能向用户收取的服务费单价 $\lambda_{ef,t}$	0.1 元/(kW·h)
区域共享储能能量倍率 k	2

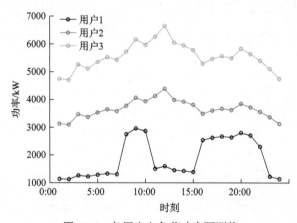

图 12-4　各用户电负荷功率预测值

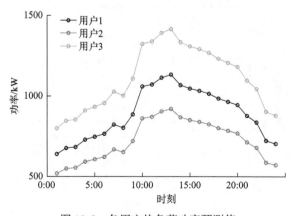

图 12-5　各用户热负荷功率预测值

算例场景设置如下。

（1）场景 1：各用户独立配置储能，储能初始投建成本及运维成本由各用户独自承担。

（2）场景 2：各用户参与区域共享储能服务，共享储能的同时向储能电站支付服务费用。

12.5.1　上层区域共享储能容量优化配置结果

上层区域共享储能优化配置结果如表 12-2 所示，充放电运行结果如图 12-6 所示。综合二者可以看出，由于分散式风电空间布局相对分散，风机出力情况各不相同，且各用户接入的负荷存在差异性和互补性，区域共享储能利用其规模效应，灵活调配储能资源，使得最大容量相较于独立配置储能降低了 4796kW·h，最大充放电功率相较于独立配置储能降低了 2397kW，储能的初始投资成本及运维成本均大幅降低，系统经济性提高 36.61%。

表 12-2　两种场景下储能优化配置结果

类别	场景 1			场景 2
	用户 1	用户 2	用户 3	
最大容量/(kW·h)	4653	3443	5000	8300
最大充放电功率/kW	2326	1721	2500	4150
储能日运行净收益/元	—	—	—	222
储能日均投资成本/元	7647	5658	8219	13643

此外，服务于分散式风电用户群的区域共享储能充放电状态由用户群的共同需求决定，单个用户内部风电出力的波动对共享储能的运行影响较小。从图 12-6 可以看出，1:00～7:00 负荷相对较低而风电出力较高，16:00～22:00 负荷相对较高而风电出力较低，系统出现明显的反调峰特性，为消纳富余电量，传统独立配置储能 1:00～7:00 通常处于充电状态，16:00～22:00 处于放电状态。区别于独立配置储能，区域共享储能资源配置更为灵活，其作用不局限于辅助系统消纳弃风或补足电量，还可充分发挥用户内部风氢耦合系统的优势，在电价低谷期以低于电网电价的价格向用户售电制氢，使用户充分利用电价峰谷差，在电价较低时段向电网购电暂存于储能系统，在电价高峰时放出，减少外部购电费用。

最后，就区域共享储能而言，各用户充放电行为的互补避免了储能资源的闲置与浪费，使得区域共享储能除低储高放收益外，服务费收益也尤为可观，从而使得投资成本可在寿命周期内回收。

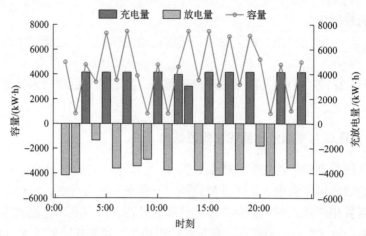

图 12-6　上层区域共享储能优化配置结果

12.5.2　下层风氢耦合系统优化运行结果

下层各用户电能调度结果如图 12-7～图 12-9 所示,综合分析图 12-7～图 12-9 可知,用户 1 负荷峰谷差较大且风机数较少,风电出力难以完全满足负荷需要,因此在电价较低时段,用户 1 选择向电网购电暂存于区域共享储能中,待电价高峰时段以低于电网电价的价格从区域共享储能中取回该部分电量,在满足负荷需求的同时降低了外部购电成本。

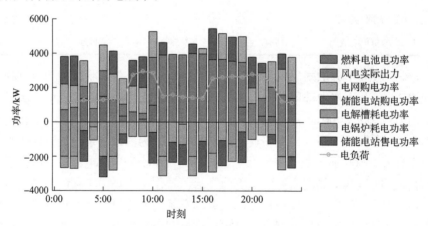

图 12-7　用户 1 电能调度结果(彩图扫二维码)

区别于用户 1,用户 2 所接入的负荷波动较小,日内风电出力基本可以满足负荷需求,因此 1:00～8:00,用户 2 以低谷电价向电网及区域共享储能购电制氢,但由于用户 2 风电出力表现出明显的反调峰特性,因此 5:00～8:00 仍需储存部分电能供电价高峰时使用。

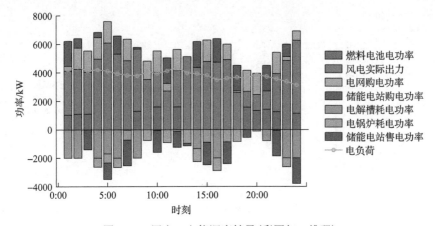

图 12-8　用户 2 电能调度结果(彩图扫二维码)

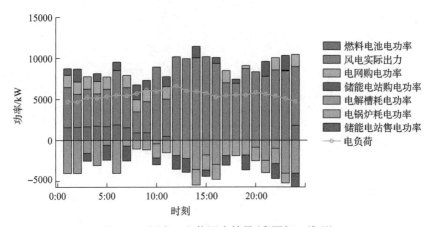

图 12-9　用户 3 电能调度结果(彩图扫二维码)

　　用户 3 相较于用户 1、2,12:00~24:00 风电出力明显高于负荷需求,因此,该时段用户 3 以向区域共享储能售电为主,同时依靠电锅炉、电解槽共同消纳富余风电,其电价低谷时段向电网所购电能基本用于电解水制氢以追求更高售氢收益。综上所述,区域共享储能极大地提高了下层风氢耦合用户的运行灵活性,使其在无须支付储能投建资本的同时享受了储能服务,提高了下层用户的经济效益。

　　下层各用户氢能调度结果如图 12-10~图 12-12 所示。可以看出,用户 1 由于风电出力的反调峰特性,在低负荷时段利用富余电量大量制氢,因此,在 1:00~6:00 及 11:00~16:00 氢气生成量较高,氢气交易以售气为主;用户 2 在 1:00~8:00 风电出力较高,可利用富余电能制氢,因此该时段氢气生成量较高,但 19:00~22:00 风电出力较低,需依赖燃料电池发电以满足负荷需求,因此在该时段氢气购买量较高;用户 3 由于风电出力较高,因此制氢量较高。综上,用户利用制氢储能提高了风电利用率。

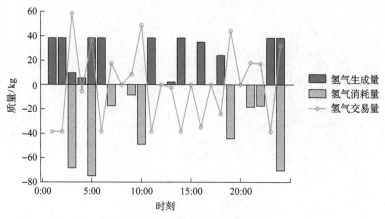

图 12-10　用户 1 氢能调度结果

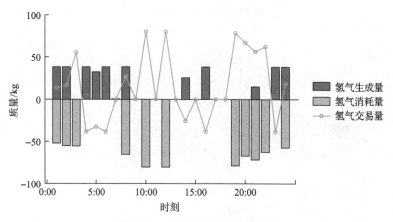

图 12-11　用户 2 氢能调度结果

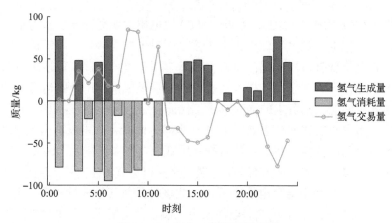

图 12-12　用户 3 氢能调度结果

下层各用户热能调度结果如图 12-13～图 12-15 所示。用户 1、用户 2 由于风

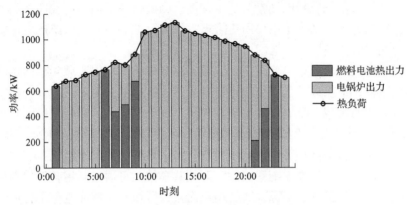

图 12-13　用户 1 热能调度结果

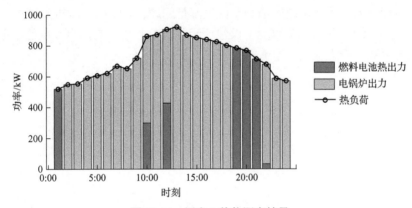

图 12-14　用户 2 热能调度结果

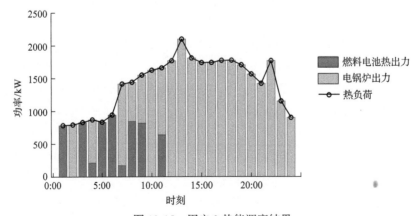

图 12-15　用户 3 热能调度结果

电出力的反调峰特性且电能相对并不充裕，因此仅靠电锅炉难以完全满足热负荷需求，二者较为依赖燃料电池参与热电调度，因此燃料电池出力较高。而用户 3 中，电锅炉出力可基本满足用户用热需求，但由于 1:00～9:00 系统产氢量较高，因此系统此时仅依靠燃料电池即可满足热负荷需求。

本章在分散式风电用户群间引入区域共享储能，上层以区域共享储能收益最高为目标函数，下层以风氢耦合用户群日运行成本最低为目标函数，构建了服务风氢耦合系统的区域共享储能双层规划模型。在此基础上，利用拉格朗日乘数法与 KKT 条件，将下层模型转换为上层模型的约束条件，并在 MATLAB 环境下利用 CPLEX 求解器对典型算例进行了仿真分析，最终得出以下结论：①就系统整体而言，相较于各用户独立配置储能，区域共享储能可通过利用各用户充放电行为的互补，合理配置储能资源；②就用户而言，区域共享储能避免了各用户独自承担高昂的储能初始投资成本，帮助各风氢耦合系统用户平滑了风电的波动性，解决了风氢耦合系统无法解决的消纳及供电不足问题，降低了外部购电及购热成本；③就区域共享储能而言，其收益不仅包含峰谷价差收益，向用户收取的服务费收益也尤为可观，极大地缩短了储能投资成本回收周期。

参 考 文 献

[1] Abad G, Lopez J, Rodrlguez M A, et al. 双馈感应电机在风力发电中的建模与控制[M]. 胡家兵, 迟永宁, 汤海雁, 等译. 北京: 机械工业出版社, 2014.

[2] 任永峰, 安中全, 张明明, 等. 双馈式风力发电机组柔性并网运行与控制[M]. 北京: 机械工业出版社, 2011.

[3] 贺益康, 胡家兵, 徐烈. 并网双馈异步风力发电机运行控制[M]. 北京: 中国电力出版社, 2011.

[4] 夏长亮. 永磁风力发电系统运行与控制[M]. 北京: 科学出版社, 2012.

[5] 任永峰, 薛宇, 尹柏清, 等. 电网友好型风光储一体化仿真与控制[M]. 北京: 机械工业出版社, 2017.

[6] Kundur P. 电力系统稳定与控制[M]. 周孝信, 宋永华, 李兴源, 等译. 北京: 中国电力出版社, 2002.

[7] Huang Q J, Zou X D, Zhu D H, et al. Scaled current tracking control for doubly fed induction generator to ride-through serious grid faults[J]. IEEE Transactions on Power Electronics, 2016, 31(3): 2150-2165.

[8] Li X M, Zhang X Y, Lin Z W, et al. An improved flux magnitude and angle control with LVRT capability for DFIGs[J]. IEEE Transactions on Power Systems, 2018, 33(4): 3845-3853.

[9] Haidar A M A, Muttaqi K M, Hagh M T. A coordinated control approach for DC link and rotor crowbars to improve fault ride-through of DFIG-based wind turbine[J]. IEEE Transactions on Industry Applications, 2017, 53(4): 4073-4086.

[10] Alsmadi Y M, Xu L, Blaabjerg F, et al. Detailed investigation and performance improvement of the dynamic behavior of grid-connected DFIG-based wind turbines under LVRT conditions[J]. IEEE Transactions on Industry Applications, 2018, 54(5): 4795-4812.

[11] Flannery P S, Venkataramanan G. A fault tolerant doubly fed induction generator wind turbine using a parallel grid side rectifier and series grid side converter[J]. IEEE Transactions on Power Electronics, 2008, 23(3): 1126-1135.

[12] Ramirez D, Martinez S, Platero C A, et al. Low-voltage ride-through capability for wind generators based on dynamic voltage restorers[J]. IEEE Transactions on Energy Conversion, 2011, 26(1): 195-203.

[13] Wessels C, Gebhardt F, Fuchs F. Fault ride-through of a DFIG wind turbine using a dynamic voltage restorer during symmetrical and asymmetrical grid faults[J]. IEEE Transactions on Power Electronics, 2011, 26(3): 807-815.

[14] Wang S Y, Chen N, Yu D R, et al. Flexible fault ride through strategy for wind farm clusters in power systems with high wind power penetration[J]. Energy Conversion and Management, 2015, 93(15): 239-248.

[15] Huang P El, Moursi M E, Hasen S A. Novel fault ride-through scheme and control strategy for doubly fed induction generator-based wind turbine[J]. IEEE Transactions on Energy Conversion, 2015, 30(2): 635-645.

[16] Kim K H, Jeung Y C, Lee D C, et al. LVRT scheme of PMSG wind power systems based on feedback linearization[J]. IEEE Transactions on Power Electronics, 2012, 27(5): 2376-2384.

[17] Yaramasu V, Wu B, Alepuz S, et al. Predictive control for low-voltage ride- through enhancement of three-level-boost and NPC-converter-based PMSG wind turbine[J]. IEEE Transactions on Industrial Electronics, 2014, 61(12): 6832-6843.

[18] Nasiri M, Milimonfared J, Fathi S H. A review of low-voltage ride-through enhancement methods for permanent magnet synchronous generator based wind turbines[J]. Renewable and Sustainable Energy Reviews, 2015, 47: 399-415.

[19] Uehara A, Pratap A, Goya T, et al. A coordinated control method to smooth wind power fluctuations of a PMSG-based WECS[J]. IEEE Transactions on Energy Conversion, 2011, 26(2): 550-558.

[20] Lyu X, Zhao J, Jia Y, et al. Coordinated control strategies of PMSG-based wind turbine for smoothing power fluctuations[J]. IEEE Transactions on Power Systems, 2018, 33(4): 1782-1789.

[21] Gounder Y K, Nanjundappan D, Boominathan V. Enhancement of transient stability of distribution system with SCIG and DFIG based wind farms using STATCOM[J]. IET Renewable Power Generation, 2016, 10(8): 1171-1180.

[22] Nguyen T H, Lee D. Advanced fault ride-through technique for PMSG wind turbine systems using line-side converter as STATCOM[J]. IEEE Transactions on Industrial Electronics, 2013, 60(7):2842-2850.

[23] Mahalakshmi M, Latha D S, Ranjithpandi S. Sliding mode control for PMSG based dynamic voltage restorer[C]. International Conference on Energy Efficient Technologies for Sustainability(ICEETS), Nagercoil, 2013: 1320-1323.

[24] Geng H, Liu L, Li R. Synchronization and reactive current support of PMSG-based wind farm during severe grid fault[J]. IEEE Transactions on Sustainable Energy, 2018, 9(4): 1596-1604.

[25] Yao J, Guo L S, Zhou T, et al. Capacity configuration and coordinated operation of a hybrid wind farm with FSIG-based and PMSG-based wind farms during grid faults[J]. IEEE Transactions on Energy Conversion, 2017, 32(3): 1188-1199.

[26] 蔚兰, 陈国呈, 宋小亮, 等. 一种双馈感应风力发电机低电压穿越的控制策略[J]. 电工技术学报, 2010, 25(9): 170-175.

[27] 徐殿国, 王伟, 陈宁. 基于撬棒保护的双馈电机风电场低电压穿越动态特性分析[J]. 中国电机工程学报, 2010, 30(22): 29-36.

[28] 杨晨星, 杨旭, 童朝南. 双馈异步风力发电机低电压穿越的软撬棒控制[J]. 中国电机工程学报, 2018, 38(8): 2487-2495.

[29] 张琛, 李征, 蔡旭, 等. 采用定子串联阻抗的双馈风电机组低电压主动穿越技术研究[J]. 中国电机工程学报, 2015, 35(12): 2943-2951.

[30] 潘文霞, 刘明洋, 杨刚, 等. 考虑Chopper保护的双馈电机短路电流计算[J]. 中国电机工程学报, 2017, 37(18): 5454-5460.

[31] 任永峰, 孙伟, 韩俊飞, 等. 全钒液流电池储能的 UDVR 提升 DFIG-LVRT 能力研究[J]. 高电压技术, 2015, 41(10): 3185-3192.

[32] 姚骏, 郭利莎, 曾欣, 等. 采用串联网侧变换器的双馈风电系统不对称高电压穿越控制研究[J]. 电网技术, 2016, 40(7): 3037-3044.

[33] 李辉, 付博, 杨超, 等. 多级钒电池储能系统的功率优化分配及控制策略[J]. 中国电机工程学报, 2013, 33(16): 70-77.

[34] 张琛, 李征, 蔡旭, 等. 面向电力系统暂态稳定分析的双馈风电机组动态模型[J]. 中国电机工程学报, 2016, 36(20): 5449-5460.

[35] 张榴晨, 吴文晗, 茆美琴. 基于 PIR 控制器的 CSC-DPMSG-WGS 低电压穿越控制[J]. 电力系统自动化, 2017, 41(14): 153-158.

[36] 任永峰, 胡宏彬, 薛宇, 等. 基于卸荷电路和无功优先控制的永磁同步风力发电机组低电压穿越研究[J]. 高电压技术, 2016, 42(1): 11-18.

[37] 胡江, 任永峰. 动态电压恢复器提升 PMSG-FFRT 运行能力研究[J]. 内蒙古工业大学学报, 2018, 37(3): 193-200.

[38] 任永峰, 彭伟, 刘海涛, 等. 基于钒电池超级电容混合储能技术的永磁同步风电机组低电压穿越能力提升研究[J]. 电网技术, 2014, 38(11): 3016-3023.

[39] 任永峰, 胡宏彬, 薛宇, 等. 全钒液流电池-超级电容混合储能平抑直驱式风电功率波动研究[J]. 高电压技术, 2015, 41(7): 2127-2134.

[40] 李和明, 董淑惠, 王毅, 等. 永磁直驱风电机组低电压穿越时的有功和无功协调控制[J]. 电工技术学报, 2013, 28(5): 73-81.

[41] Rauf A M, Khadkikar V. Integrated photovoltaic and dynamic voltage restorer system configuration[J]. IEEE Transactions on Sustainable Energy, 2015, 6(2): 400-410.

[42] 廉茂航, 任永峰, 韩鹏, 等. 双馈风电系统中 VRB 储能型网侧九开关变换器[J]. 电工技术学报, 2018, 33(6): 1197-1207.

[43] 陈宇, 文刚, 康勇. 基于直流电压动态分配的九开关双馈风电系统低电压穿越策略研究[J]. 中国电机工程学报, 2017, 37(12): 3583-3593.

[44] 胡志帅, 任永峰, 韩俊飞, 等. 适用于双馈风电系统的九开关型统一电能质量调节器[J]. 电力系统自动化, 2017, 41(6): 105-112.

[45] 任永峰, 云平平, 薛宇, 等. NSC 改善 DFIG 电能质量与故障穿越研究[J]. 中国电机工程学报, 2018, 38(17): 5052-5062.

[46] Kirakosyan A, El Moursi M S, Kanjiya P, et al. A nine switch converter-based fault ride through topology for wind turbine applications[J]. IEEE Transactions on Power Delivery, 2016, 31(4): 1757-1766.

[47] Louis J R, Shanmugham S, Jerome J. Encompassing nine switch converter approach in wind-hydro hybrid power system feeding three phase three wire dynamic loads[J]. International Journal of Electrical Power and Energy Systems, 2016, 79: 66-74.

[48] Jarutus N, Kumsuwan Y. A carrier-based phase-shift space vector modulation strategy for a nine-switch inverter[J]. IEEE Transactions on Power Electronics, 2017, 32(5): 3425-3441.

[49] Ali K, Das P, Panda S K. A special application criterion of the nine-switch converter with reduced conduction loss[J]. IEEE Transactions on Industrial Electronics, 2018, 65(4): 2853-2862.

[50] 邱伟康, 陈宇, 文刚, 等. 九开关双馈风力发电系统的恒定开关频率电流滑模控制方法[J]. 中国电机工程学报, 2018, 38(20): 6134-6144.

[51] 薛宇, 任永峰, 胡志帅, 等. 基于九开关变换器的直驱-双馈分散式风电系统控制策略[J]. 电力系统自动化, 2022, 46(7): 67-74.

[52] 安中全, 任永峰, 李含善. 基于 PSCAD 的双馈式风力发电系统柔性并网研究[J]. 电网技术, 2011, 35(12): 196-201.

[53] 周凌志. 基于多主从混合协调控制的风储微电网运行控制策略[D]. 呼和浩特: 内蒙古工业大学, 2021.

[54] Xue Y, Ren Y F, He J W, et al. Current source converter as an effective interface to interconnect microgrid and main grid[J]. Energies, 2022, 15(7): 6447.

[55] 云平平. 基于九开关变换器的风力发电机组运行特性研究[D]. 呼和浩特: 内蒙古工业大学, 2019.

[56] 任永峰, 布赫, 薛宇, 等. 采用 VRB-UDVR 提升 1 MW 光伏发电系统柔性故障穿越能力的仿真研究[J]. 高电压技术, 2017, 43(9): 3110-3117.

[57] 张祥宇, 沈文亮, 黄弘扬, 等. 基于功率耦合的双馈风机并网系统同步控制技术[J]. 电力自动化设备, 2022, 42(12): 43-49.

[58] 任永峰, 李含善, 安中全, 等. 基于内模控制的并网型双馈电机风力发电系统研究[J]. 高电压技术, 2009, 35(5): 1214-1219.

[59] 王金鑫, 任永峰, 孟庆天, 等. 自抗扰控制的九开关变换器提升分散式风电系统电能质量[J]. 高电压技术, 2023, 49(12): 5207-5216.

[60] 胡志帅. 一种用于双馈风力发电机的新型统一电能质量调节器研究[D]. 呼和浩特: 内蒙古工业大学, 2017.

[61] 廉茂航. 基于双馈风电系统网侧九开关变换器研究[D]. 呼和浩特: 内蒙古工业大学, 2018.

[62] 王梦涛, 任永峰, 乌森高乐, 等. 基于 DSVPWM 的 PMSG 并联型 GS-NSC 研究[J]. 太阳能学报, 2022, 43 (11): 277-284.

[63] 薛宇. 分散式风电多元灵活互动运行与控制研究[D]. 呼和浩特: 内蒙古工业大学, 2022.

[64] 陈烁. 永磁同步风电系统网侧九开关变换器研究[D]. 呼和浩特: 内蒙古工业大学, 2020.

[65] 王梦涛. 永磁同步风电系统中九开关辅助网侧变换器研究[D]. 呼和浩特: 内蒙古工业大学, 2022.

[66] Li Y F, He J W, Liu Y, et al. Decoupled mitigation control of series resonance and harmonic load current for HAPFs with a modified two-step virtual impedance shaping[J]. IEEE Transactions on Industrial Electronics, 2023, 70 (8): 8064-8074.

[67] 陈建, 任永峰, 云平平, 等. 基于 UDE 的虚拟同步发电机功频振荡抑制策略[J]. 太阳能学报, 2022, 43 (12): 220-226.

[68] Xue H, He J W, Ren Y F, et al. Seamless fault-tolerant control for cascaded H-bridge converters based battery energy storage system[J]. IEEE Transactions on Industrial Electronics, 2023, 70 (4): 3803-3813.

[69] 钱智涌. 基于光储系统九开关变换器的研究[D]. 呼和浩特: 内蒙古工业大学, 2021.

[70] 任永峰, 薛宇, 云平平, 等. 马尔可夫预测的多目标优化储能系统平抑风电场功率波动[J]. 电力系统自动化, 2020, 44 (6): 67-74.

[71] He B, Ren Y F, Xue Y, et al. Research on the frequency regulation strategy of large-scale battery energy storage in the power grid system[J]. International Transactions on Electrical Energy Systems, 2022, 43 (11): 277-284.

[72] Yun P P, Ren Y F, Xue Y. Energy-storage optimization strategy for reducing wind power fluctuation via Markov prediction and PSO method energies[J]. Energies, 2018, 11 (12): 3393.

[73] 贾伟青, 任永峰, 薛宇, 等. 基于小波包-模糊控制的混合储能平抑大型风电场功率波动[J]. 太阳能学报, 2021, 42 (9): 357-363.

[74] 杨帆. 混合储能平抑九开关型永磁同步风电功率波动研究[D]. 呼和浩特: 内蒙古工业大学, 2019.

[75] 贾伟青. 基于短期功率预测的风储联合系统优化配置[D]. 呼和浩特: 内蒙古工业大学, 2021.

[76] 贾东卫. 基于集合经验模态分解的微电网混合储能容量优化研究[D]. 呼和浩特: 内蒙古工业大学, 2022.

[77] 陈麒同. 改进神经网络的综合能源系统短期功率预测及储能优化[D]. 呼和浩特: 内蒙古工业大学, 2022.